现代学徒制建筑设备工程技术专业教材

制冷维修基本操作实训

主　编　邓志均
副主编　祝春华　罗志标　彭南西
主　审　吴伟涛

中国水利水电出版社
www.waterpub.com.cn

·北京·

内 容 提 要

　　全书分七个任务，包括制冷维修基本工具的使用；制冷系统抽真空；制冷系统检漏与充注制冷剂；压缩机组件的结构、检测与代换；电冰箱电气元件好坏判断；制冷系统铜管的焊接；分体式空调及电冰箱日常维护与保养等。

　　本书可作为高等职业院校、高等专科院校、成人高校、民办高校、本科院校举办的二级职业技术学院及五年制高职和中职制冷与空调技术专业及相关专业的教学用书，亦可作为相关专业技术人员的业务参考书及培训用书。

图书在版编目（CIP）数据

制冷维修基本操作实训 / 邓志均主编. -- 北京：
中国水利水电出版社，2020.6
　现代学徒制建筑设备工程技术专业教材
　ISBN 978-7-5170-8548-5

　Ⅰ. ①制… Ⅱ. ①邓… Ⅲ. ①制冷装置－空气调节器
－维修－教材 Ⅳ. ①TB657.2

中国版本图书馆CIP数据核字(2020)第077402号

书　　名	现代学徒制建筑设备工程技术专业教材 **制冷维修基本操作实训** ZHILENG WEIXIU JIBEN CAOZUO SHIXUN	
作　　者	主　编　邓志均 副主编　祝春华　罗志标　彭南西 主　审　吴伟涛	
出版发行	中国水利水电出版社 （北京市海淀区玉渊潭南路1号D座　100038） 网址：www.waterpub.com.cn E-mail：sales@waterpub.com.cn 电话：(010) 68367658（营销中心）	
经　　售	北京科水图书销售中心（零售） 电话：(010) 88383994、63202643、68545874 全国各地新华书店和相关出版物销售网点	
排　　版	中国水利水电出版社微机排版中心	
印　　刷	天津嘉恒印务有限公司	
规　　格	184mm×260mm　16开本　4.25印张　103千字	
版　　次	2020年6月第1版　2020年6月第1次印刷	
印　　数	0001—1500册	
定　　价	**19.50元**	

前言

　　本书为国家现代学徒制建筑设备工程技术专业教材，编写时以培养学生能力为根本，以岗位技能要求为目标，彻底打破原有课程体系，重新构建课程框架。

　　全书分七个任务，主要内容为制冷维修基本工具的使用，制冷系统抽真空，制冷系统检漏与充注制冷剂，压缩机组件的结构、检测与代换，电冰箱电气元件好坏判断，制冷系统铜管的焊接，分体式空调及电冰箱日常维护与保养等。

　　本书编写的重点主要体现在以下几个方面：

　　第一，讲明白基本结构和操作步骤，说清楚工作原理和基础知识，重点放在制冷维修基本操作技能的讲述上，进而使读者能够读得懂、学得会，尽快掌握制冷维修基本操作方法。

　　第二，书中有大量的图表，非常适合阅读，为了提高学习的实用性和针对性，本书编者在编写过程中倾注了多年的教学心得，力求基础扎实，可操作性强，从而使读者在学习的过程中感觉到好像"师傅"就在自己的身边手把手教学。

　　第三，在编写原则上，突出以职业能力为核心。教材编写贯穿"以职业标准为依据，以企业需求为导向，以职业能力为核心"的理念，依据国家职业标准，结合企业实际，反映岗位需求，注重职业能力培养。

　　本书由广东水利电力职业技术学院邓志均担任主编，广东水利电力职业技术学院祝春华、彭南西，广东申菱环境系统股份有限公司罗志标担任副主编，广东水利电力职业技术学院吴伟涛担任主审。

　　由于编者水平有限，经验不足，且时间仓促，缺点和错误在所难免，请广大读者批评指正。

编者

2019 年 11 月

目录

任务一 制冷维修基本工具的使用

学习目标：

1. 认识制冷维修基本工具。

2. 掌握制冷维修基本工具的使用方法。

一、管道加工工具

常用的管道加工工具有割管器、扩管器和胀管器、弯管器、倒角器、封口钳等。

（一）管道加工工具的认识

1. 割管器

割管器是安装维修过程中专门切割铜管和铝管的工具。它由支架、导轮、刀片和手柄组成，如图1-1所示。常用割管器切割范围为3～45mm。

2. 扩管器和胀管器

扩管器是将小管径（19mm以下）铜管端部扩胀形成喇叭口的专用工具，胀管器是将铜管端部胀成杯型口，它由扩管夹具和扩管顶锥组成，如图1-2所示，夹具有米制和英制两种。

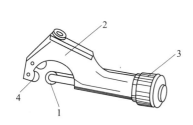

图1-1 割管器

1—刀片；2—支架；3—手柄；4—导轮

图1-2 扩管器和胀管器

3. 弯管器

弯管器是专门弯曲铜管、铝管的工具，如图1-3所示，弯曲半径不应小于管径的5倍，在其弯曲部位不应有凹瘪现象。

4. 倒角器

铜管在切割加工过程中，铜管易产生收口和毛刺现象。倒角器主要用于去除切割加工过程中所产生的毛刺，消除铜管收口现象。倒角器外形如图1-4所示。

图1-3 弯管器

5. 封口钳

制冷系统维修过程中经常需要焊接封口。由于系统中有制冷剂，压力比较高，不容易焊接；而且制冷剂遇明火会产生有害气体，危害维修人员健康。通常用封口钳在管路上先进行封口，然后进行焊接处理。封口钳外形如图 1-5 所示。

图 1-4　倒角器

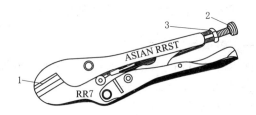

图 1-5　封口钳

1—钳口；2—调节旋钮；3—锁紧螺母

（二）管道加工工具的使用方法

1. 割管器的使用

（1）割管器使用步骤。

1）将所需加工直径为 6mm 的铜管夹装到割管器，慢慢旋紧手柄至铜管边缘。

2）将整个割管器绕铜管顺时针方向旋转。

3）割管器每旋转 1～2 圈，需调整手柄 1/4 圈。

4）重复步骤 2）、3），直至铜管割断。

（2）使用割管器的注意事项。

1）铜管一定要架在导轮中间。

2）所加工的铜管一定要平直、圆整。

3）由于所加工的铜管壁较薄，调整手柄进刀时，不能用力过猛，以免出现严重的变形，影响切割。

4）铜管切割加工过程中出现的内凹收口和毛刺须进一步处理。

2. 扩管器和胀管器的使用

（1）扩喇叭口的操作步骤。

1）用割管器切割 100mm 长，直径为 6mm 的铜管。

2）用倒角器去除铜管端部毛刺和收口。

3）将需要加工的铜管夹装到相应的夹具孔内，铜管端不露出夹板面的 $H/3$ 左右，旋紧夹具螺母直至将铜管夹牢。

4）将扩口顶锥卡于铜管内，顺时针慢慢旋紧手柄使顶锥下压，直至形成喇叭口。

5）推出顶锥，松开螺母，从夹具中取出铜管，观察铜管扩口面应光滑圆整，无裂纹、毛刺和折边。

（2）胀管器胀杯形口操作步骤。

1）用割管器切割 100mm 长，直径为 6mm 的铜管。

2）去除毛刺和收口。

3）选好相应的胀头。

4）将杠杆松开，把所需加工的铜管套至装好的胀头上。

5）收紧杠杆，胀头自动张开，铜管形成杯口。

根据管径不同，胀口的深度也就不同。胀口深度见表 1-1。

表 1-1　　　　　　　　　　　胀管器胀杯形口的深度　　　　　　　　单位：mm

管　径	深　度	管　径	深　度
6	7.5	16	19
10	12	19	22
12	14.5		

3．弯管器的使用

（1）用割管器截取长为 60cm、直径为 8mm 的铜管一根。

（2）将 8mm 铜管套入弯管器内，搭扣住管子，然后慢慢旋转手柄，使管子逐渐弯制到规定角度，如图 1-3 所示。

（3）将弯制好的铜管退出弯管器具。

4．倒角器的使用

铜管在切割加工过程中易产生收口和毛刺现象。倒角器主要用于去除切割加工过程中所产生的毛刺，消除铜管收口现象。

5．封口钳的使用

制冷系统维修过程中经常需要焊接封口。由于系统中有制冷剂，压力比较高，不容易焊接，而且制冷剂遇明火会产生有害气体，危害维修人员健康。通常用封口钳在管路上先进行封口，然后进行焊接处理。

（三）管道加工实训

1．割管器实训

（1）将所需加工直径为 8mm 的铜管夹装到割管器，慢慢旋紧手柄至边缘。

（2）将整个割管器绕铜管顺时针方向旋转。

（3）割管器每旋紧 1~2 圈，需调整手柄 1/4 圈。

（4）重复步骤（2）、（3），直至将铜管割断。

（5）另取不同规格铜管进行切割练习直至熟练。

2．扩管器和胀管器实训

（1）扩喇叭口操作步骤。

1）用割管器切割 20cm 长，直径为 6cm 铜管。

2）用倒角器去除铜管端部毛刺和收口。

3）将需要加工的铜管夹装到相应的夹具卡孔中，铜管端部露出夹板面的 $H/3$ 左右（注意夹具坡面位置），旋紧夹具螺母直至铜管夹牢。

4）将扩口顶锥卡于铜管内，顺时针慢慢旋转手柄使顶锥下压，直至形成喇叭口。

5）退出顶锥，松开螺母，从夹具中取出铜管，观察扩口面应光滑圆整，无裂纹、毛刺和折边。

6）另取不同规格铜管进行扩喇叭口练习直至熟练。

（2）胀杯口操作步骤。换上杯形口顶锥，操作同上。

3．弯管器实训

（1）用割管器切割 60cm 长，直径为 8mm 铜管。

（2）用倒角器去除铜管端部毛刺和收口。

（3）选用弯管器并将所需加工的铜管，放置到弯管器导轮中，并调整好位置，将活动手柄的搭扣扣住所加工的管件，如图 1-3 所示。

（4）慢慢旋紧活动手柄，使管件弯曲至所需角度。

（5）松开搭扣和活动手柄，将管件退出，并观察是否符合要求。

（6）另取不同规格铜管进行弯管练习直至熟练。

4．封口钳实训

（1）用割管器切割长 20cm，直径为 3mm 铜管。

（2）调整封口钳钳口间隙。

（3）拧紧锁紧螺母。

（4）将铜管一端放置钳口内（距离端口 3～4cm），用力捏紧封口钳。

（5）取下铜管，目测封口情况。

（6）重复以上步骤直至铜管完全封闭。

实训思考：

（1）用扩管器对不同管径的铜管扩喇叭口时，铜管端部露出夹板的尺寸是否一样？

（2）手工弯管器最大可以弯制的管径是多少？

二、通用仪表

制冷检修常用的仪表有万用表、兆欧表和钳形电流表。

（一）万用表

万用表是一种多功能、多量程的测量仪表，制冷维修中时刻离不开它。一般万用表可测量直流电流、直流电压、交流电流、交流电压、电阻和音频电平等，有的还可以测电容量、电感量及半导体的一些参数（如直流电流放大系数）等。若按显示方式简单区分，万用表可分为指针式万用表和数字式万用表，如图 1-6 所示。

1．数字式万用表

数字式万用表是一种多用途电子测量仪器，是针对需要多功能、高分辨率、高精度和自动化测量的用户而设计的产品。在具有准和稳的同时，集高速数据采集、自动化测量、任意传感器等多种功能于一身。

（1）电阻的测量。

1）红表笔插入 VΩ 孔，黑表笔插入 COM 孔。

2）把旋转开关旋转到电阻的位置。

3）万用表的读数就是该电阻的阻值。

注意：量程的选择和转换。量程选小了显示屏上会显示"1."此时应换用较大的量

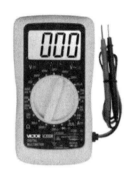

（a）指针式　　　　　　　　　　（b）数字式

图 1-6　万用表

程；反之，量程选大了的话，显示屏上会显示一个接近于"0"的数，此时应换用较小的量程。

（2）直流电压的测量。

1）正确插入表笔，红表笔插入 VΩ 孔，黑表笔插入 COM 孔。

2）把万用表的旋转开关旋转到直流电压的位置。

3）用表笔的另一端和电池的正负极相对应。

4）读出显示器上的数据。

注意：把旋钮旋转到比估计值大的量程挡，接着把表笔接电源或电池两端，保持接触稳定，数值可以直接从显示屏上读取。

（3）交流电压的测量。

1）红表笔插入 VΩ 孔，黑表笔插入 COM 孔。

2）量程旋钮旋转到交流电压适当位置。

3）将红黑表笔插入到插座的孔内。

4）读出显示屏上显示的数据。

注意：测试市电时一定要把挡位旋转到 750V 位置，测量挡位一定要比待测试量的电压高，如不了解待测量的电压是多少伏，先用高的挡位测量，如量的值太小，再慢慢往低挡位换。

（4）直流电流的测量。

1）断开电路。

2）黑表笔插入 COM 端口，红表笔插入 mA 端口。

3）功能旋转开关旋转至 A-（直流），并选择合适的量程。

4）断开被测线路，将数字式万用表串联到被测线路中。

5）接通电路。

6）读出显示屏上的数据。

注意：估计电路中电流的大小。若测量大于 200mA 的电流，则要将红表笔插入"20A"插孔并将旋钮旋转到直流"20A"挡；若测量小于 200mA 的电流，则将红表笔插入"200mA"插孔,将旋钮旋转到直流 200mA 以内的合适量程。

(5) 交流电流的测量。测量步骤与直流电流的测量步骤一样,只是将功能旋转开关旋转到 A~(交流)。注意事项与直流电流的测量也一样。

(6) 电容的测量。

1) 将电容两端短接,对电容进行放电,确保数字万用表的安全。

2) 将功能旋转开关旋转至电容"F"测量挡,并选择合适的量程。

3) 将电容插入万用表 CX 插孔。

4) 读出显示屏上的数据。

注意:测量前电容需要放电,否则容易损坏万用表,测量后也要放电,避免埋下安全隐患。

2. 指针式万用表

指针式万用表又被称为多用表、三用表、复用表,是一种多功能、多量程的仪器,一般万用表可测量直流电流、直流电压、电阻等。

(1) 测量电阻。首先进行机械调零,将表针调整到左 0 位置,将功能旋钮调到万用表的欧姆挡,并选择合适的量程(估计待测电阻阻值,使测量结束后指针静止位置大致在表盘的盘中),对万用表进行精度校正,短接两表笔,然后调节欧姆挡调零旋钮,使万用表的指针指到 0 刻度。

测量时应将两表笔分别接触待测电阻的两极(接触稳定)观察指针偏转情况。如果指针太靠左那么需要换一个稍大的量程。如果指针太靠右那么需要换一个稍小的量程。直到指针落在表盘中部(因为表盘中部区域测量更精确)。读取表针读数,然后将表针读数乘以所选择的量程倍数,如选用 R×100 挡,指针指示 33,则被测电阻值为 100×33=3300 欧=3.3 千欧。

(2) 测量直流电压。将功能旋转到直流电压挡,选择合适的量程。当被测电压数值范围不清楚时,可以选用较高的量程挡,不合适时再逐步选用低量程挡,使指针停在满刻度的 2/3 为宜。把万用表并接到被测电路上,红表笔接被测电压的正极,黑表笔接被测电压的负极。不能接反,如果接反了万用表指针将会向左偏转。

把转换开关拨到直流电压挡,估计待测电压值,如果不确定待测电压值的范围需选择最大量程,待粗测量待测电压的范围后改用合适的量程。

将万用表并接到待测电路上,黑表笔与被测电压的负极连接,红表笔与被测电压的正极连接。

读数,这个要取决于你的量程以及指针的偏转。

(3) 测量直流电流。把转换开关拨到直流电流挡,估计待测电流值,选择合适的量程,如果不确定待测电流值的范围需要选择最大量程,待粗测量待测电流的范围后改用合适的量程。

断开被测电路,将万用表串接到被测电路中,不要将极性接反。

根据指针稳定时的位置及所选量程,正确读数。读出待测电流值的大小,如万用表的量程为 5mA,指针走了 1 格多,则本次测量的电流值为 1.2mA。

（二）兆欧表

兆欧表俗称摇表、绝缘摇表或麦格表。兆欧表主要用来测量电气设备的绝缘电阻，如电动机、电器线路的绝缘电阻，判断设备或线路有无漏电、绝缘损坏或短路现象，如图1-7所示。

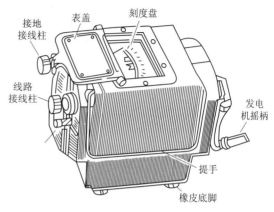

图1-7　兆欧表

1. 正确选用兆欧表

兆欧表的额定电压应根据被测电气设备的额定电压来选择。测量500V以下的设备，选用500V或1000V的兆欧表；额定电压在500V以上的设备，应选用1000V或2500V的兆欧表；对于绝缘子、母线等要选用2500V或3000V兆欧表。

2. 兆欧表在使用前的开路试验

使用兆欧表前，应先将E、L两端开路，以约120r/min的转速摇动手柄，观测指针是否指到"∞"（无穷大）处。正常时，兆欧表指针应指"∞"值上。

3. 兆欧表在使用前的短路试验

将E、L两端短接，缓慢摇动手柄，观测指针是否指到"0"处，经检查完好才能使用。正常时，兆欧表指针应在"0"值上。

4. 兆欧表在使用中对电动机线圈与地绝缘性能测量方法

使用兆欧表中，用导线将兆欧表"L"端与电动机接线柱或电气设备部位连接，另一端"E"端接电动机外壳或设备外壳，然后进行摇测。兆欧表指针指向"0"时，证明电动机线圈或设备绝缘损坏；指针如指向"∞"值上，表明线圈或设备与外壳绝缘良好。

5. 使用注意事项

兆欧表本身工作时会产生高压电，为避免人身及设备事故必须重视以下几点：

（1）正确选择其电压和测量范围。50～380V的用电设备检查绝缘情况，可选用500V兆欧表。500V以下的电气设备，兆欧表应选用读数从0开始的，否则不易测量。

（2）选用兆欧表外接导线时，应选用单根的多股铜导线，不能用双股绝缘线，绝缘强度要在500V以上，否则会影响测量的精确度。

（3）测量电气设备绝缘电阻时，测量前必须先断开设备的电源，并验明无电。如果是电容器或较长的电缆线路，应放电后再测量。

（4）兆欧表在使用时必须远离强磁场，并且平放。摇动摇表时，切勿使表受震动。

（5）在测量前，兆欧表应先做一次开路试验，然后再做一次短路试验，表针在开路试验中应指到"∞"处；而在短路试验中能摆到"0"处，表明兆欧表工作状态正常，可测电气设备。

（6）测量时，应清洁被测电气设备表面，以免导致因接触电阻大而测量结果不准。

（7）测量过程中，如果指针指向"0"位，表示被测设备短路，应立即停止转动手柄。

（8）在测电容器的绝缘电阻时需注意：电容器的耐压必须大于兆欧表产生的电压值。

测完电容后，应先取下摇表线再停止摇动摇把，以防已充电的电容向摇表放电而损坏仪表。测完的电容要用电阻进行放电。

（9）兆欧表在不使用时应放于固定柜橱内，周围温度不宜太冷或太热，切忌放于污秽、潮湿的地面上，并避免置于含侵蚀作用的气体附近，以免兆欧表内部线圈、导流片等元件发生受潮、生锈、腐蚀等现象。

（10）应尽量避免长期剧烈震动，而造成表头轴尖变秃或宝石破裂，影响指示。

（三）钳形电流表

钳形电流表（简称钳表），是集电流互感器与电流表于一身的仪表，其工作原理与电流互感器测电流是一样的。钳形表是由电流互感器和电流表组合而成。电流互感器的铁芯在捏紧扳手时可以张开，被测电流所通过的导线不必切断就可穿过铁芯张开的缺口，当放开扳手后铁芯闭合。穿过铁芯的被测电路导线就成为电流互感器的一次线圈，通过电流便在二次线圈中感应出电流，从而与二次线圈相连接的电流表便有指示——测出被测线路的电流。

钳形电流表分高压、低压两种，用于在不拆断线路的情况下直接测量线路中的电流。其使用方法如下：

（1）使用高压钳形表时应注意钳形电流表的电压等级，严禁用低压钳形表测量高电压回路的电流。用高压钳形表测量时，应由两人操作，非值班人员测量还应填写第二种工作票，测量时应戴绝缘手套，站在绝缘垫上，不得触及其他设备，以防止短路或接地。

（2）当电缆有一相接地时，严禁测量。防止出现因电缆头的绝缘水平低发生对地击穿爆炸而危及人身安全。

（3）钳形电流表测量结束后把开关拨至最大挡位，以免下次使用时不慎过流；并应保存在干燥的室内。

（4）观测表计时，要特别注意保持头部与带电部分的安全距离，人体任何部位与带电体的距离不得小于钳形表的整个长度。

（5）在高压回路上测量时，禁止用导线从钳形电流表另接表测量。测量高压电缆各相电流时，电缆头线间距离应在 300mm 以上，且绝缘良好，待认为测量方便时，方能进行。

（6）测量低压可熔保险器或水平排列低压母线电流时，应在测量前将各相可熔保险或母线用绝缘材料加以保护隔离，以免引起相间短路。

三、专用仪表和设备

制冷检修专用的设备有：真空泵、压力表和检漏设备等。

（一）真空泵使用方法及注意事项

1. 使用方法

（1）真空泵（图1-8）的吸气口通过工艺管与压力表的三通修理阀相连，压力表的三通修理阀再与另一工艺管相连接。

（2）工艺管带顶针的一端与空调外机三通修理阀

图1-8　真空泵

相连接。

（3）当对管路系统进行抽真空时，应先打开修理阀的阀门，然后接通真空泵的电源，排气口将抽出的空气排出。

（4）当真空度达到要求时，按照规程应先关闭修理阀的阀门，然后旋开与工艺管连接的螺母，使气体进入真空泵，最后切断电源。以防止真空泵中的机油被倒吸出。

2. 注意事项

（1）经常检查油位位置，不符合规定时须调整，使之符合要求。用真空泵运转时，以油位到油标中心为准。

（2）经常检查油质情况，发现油变质时应及时更换新油，确保真空泵工作正常。

（3）换油期限按实际使用条件和能否满足性能要求等情况考虑，由用户酌情决定。一般新真空泵，抽除清洁干燥的气体时，建议在工作 100h 左右换真空泵油 1 次。待油中看不到黑色金属粉末后，以后可适当延长换油期限。

（4）一般情况下，真空泵工作 2000h 后应进行检修，检查橡胶密封件老化程度，检查排气阀片是否开裂，清理沉淀在阀片及排气阀座上的污物。清洗整个真空泵腔内的零件，如转子、旋片、弹簧等。一般用汽油清洗，并烘干。对橡胶件类清洗后用干布擦干即可。清洗装配时应轻拿轻放小心碰伤。

（5）有条件的对管中进行同样清理，确保管路畅通。

（6）重新装配后应进行试运行，一般须空运转 2h 并换油 2 次，因清洗时在真空泵中会留有一定量易挥发物，待运转正常后，再投入正常工作。

（7）检查真空泵管路及结合处有无松动现象。用手转动真空泵，试看真空泵是否灵活。

（8）向轴承体内加入轴承润滑机油，观察油位应在油标的中心线处，润滑油应及时更换或补充。

（9）拧下真空泵泵体的引水螺塞，灌注引水（或引浆）。

（10）关好出水管路的闸阀和出口压力表及进口真空表。

（11）点动电机，试看电机转向是否正确。

（12）开动电机，当真空泵正常运转后，打开出口压力表和进口真空泵，视其显示出适当压力后，逐渐打开闸阀，同时检查电机负荷情况。

（13）尽量控制循环水真空泵的流量和扬程在标牌上注明的范围内，以保证真空泵在最高效率点运转，获得最大的节能效果。

（14）真空泵在运行过程中，轴承温度不能超过环境温度 35℃，最高温度不得超过 80℃。

（15）如发现真空泵有异常声音应立即停车检查原因。

（16）真空泵要停止使用时，先关闭闸阀、压力表，然后停止电机。

（17）真空泵在工作第一个月内，在使用 100h 后更换润滑油，以后每隔 500h，换油 1 次。

（18）经常调整填料压盖，保证填料室内的滴漏情况正常（以成滴漏出为宜）。

（19）定期检查轴套的磨损情况，磨损较大后应及时更换。

（20）真空泵在寒冬季节使用时，停车后，需将泵体下部放水螺塞拧开将介质放净，防止冻裂。

（21）真空泵长期停用，需将泵全部拆开，擦干水分，将转动部位及结合处涂以油脂装好，妥善保管。

（二）压力表

压力表主要是用来显示管路系统中充入制冷剂的多少，是维修空调必备的工具。当空调停止工作时，可用来测量空调的均衡压力；空调正常运转时，可用来检测空调的运行压力。通过测量压力的大小，来判断制冷剂的多少，从而做出正确的判断。

图1-9　压力表

1. 制冷剂压力表介绍

在空调维修时一般采用组合式压力表（图1-9），规格有：①低压表：−76～17.5kg/cm²；②高压表：0～35kg/cm²。也可选用单个压力表来测量。

2. 读压力值

（1）低压表最外圈的数值为 MPa 的数值，如指针指到"3"即当前的压力为 0.3MPa，低压表由外到内第 2 圈数值为 1kg/cm²。

（2）高压表最内圈红色字的数值为 bar 的数值，如指针指到"20"，即当前的压力为 20bar。

（3）不同压力单位的转换。1MPa≈101kg/cm²≈10bar≈145Psi。

3. 读温度值

（1）低压表，由外往内数。

如一台冷水机冷媒使用 R22，运行时低压压力 0.5MPa 对应的冷凝温度约为 6℃。

如一台冷水机冷媒使用 R134a，运行时低压压力 0.3MPa 对应的冷凝温度约为 9℃。

（2）高压表，由内往外数。

如一台冷水机冷媒使用 R22，运行时高压压力 1.8MPa 对应的冷凝温度约为 50℃。

如一台冷水机冷媒使用 R134a，运行时高压压力 1.4MPa 对应的冷凝温度约为 55℃。

4. 补充说明

（1）MPa（兆帕）、1kgf/cm²（千克力/平方厘米）。

（2）不同压力表的压力单位可能不一样，读压力前要看清表盘上的标识。

（3）冷水机，空调一般用：R22、R407C、R134a；低温机 R22、R404A；家用空调 R22 或 R410a；汽车空调：R134、R12。

（4）在压缩机没有运行时压力为平衡压力，即高低压力相同，其压力值与环境温度或水箱水温对应。

如 R22 环境温度为 30℃时，压力表的平衡压力约为 1.1MPa；R22 环境温度为 10℃时，压力表的平衡压力约为 0.6MPa。

（三）检漏设备

空调系统管路检漏最常用的就是加压后肥皂水检漏，这种方法成本最低、最便捷，但准确性最差。还有就是用卤素检漏灯和电子卤素检漏仪检漏，其准确性高、成本高。

一般在检漏之后需要重启保压或者抽真空后保负压来验证是不是还存在泄漏点。

1. 卤素检漏灯的使用

（1）先将底盖旋下，加入含99％的清洁酒精后旋紧底盖，把酒精灯竖直放在平地上。

（2）向黄铜酒精杯内倒入5mL左右的酒精并点燃，加热灯体和喷嘴，热量由灯体传给灯芯筒，使灯芯筒内酒精温度提高，使其压力升高。

（3）待杯内酒精快要烧光时，微开调节阀，酒精蒸气从喷嘴中高速喷射在扩散管内产生负压，使旁通孔具有一定的吸气能力。吹气量的大小可由吸气管口气流声音大小来判断，并根据需要调整调节阀的开启度。

（4）检漏时将软管口伸向要检漏的制冷系统接头、焊接处，若有泄漏的氟利昂蒸气被吸入，经燃烧后火焰就发出绿色或蓝色亮光，从火焰颜色深浅可判断氟利昂的泄漏程度。

2. 电子卤素检漏仪的使用

（1）将电池装入电子检漏仪，打开电源开关，此时电源指示灯亮，同时听到电子检漏仪发出缓慢"嘟、嘟"声。此时表示电子检漏仪处于正常工作状态。如果打开电源，仪器啸叫，则按一下复位开关，便可恢复正常。

（2）将电子检漏仪的探头沿系统连接管道慢慢移动进行检漏。速度不大于25～50mm/s，并且探头与被检测表面的距离不大于5mm。

（3）如电子检漏仪发出"嘟——"的长鸣声时，说明该处存在泄漏。为保证准确无误的确定漏点，应及时移开探头，待电子检漏仪恢复正常后，在发现漏点处重复检测2～3次。

（4）如果找到一个漏点，那么一定要继续检查剩余管路。

（四）各种阀门

（1）直通阀。又称二通截阀，是最简单的修理阀，常在抽真空灌氟时使用。如图1-10所示。

直通阀共有3个连接口：与阀门开关平行的连接口多与设备的修理管相接；与阀门开关垂直的2个连接口，一个常固定接真空压力表，另外一个在抽真空时接真空泵的抽气口，充注制冷剂时接钢瓶。直通阀的结构简单，但使用不太方便。

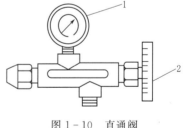

图1-10　直通阀
1—压力表；2—阀开关

（2）专用组合阀。由于直通阀在使用中受到限制，维修中应用较多的是专用组合阀。如图1-11所示。这种阀门上装有2块表，一块是真空表，用来监测抽真空时的真空压力；一块是压力表，用来监测充注制冷剂时的压力。3个连接口分别与氟利昂钢瓶或定量充注器、压缩机、真空泵相接。阀7打开，阀6关闭，进行抽真空；阀6打开，阀7关闭，进行充注制冷剂。这种阀门使抽真空、充注制冷剂连续进行，使用起来比较方便。

（3）顶针式开关阀。从制冷系统中收回制冷剂时经常要使用专用阀门，这种阀门称为顶针式开关阀，结构如图1-12所示。使用方法如下：

1）卸下连接上下瓣的紧固螺钉，扣合在将要接阀的管道上，然后拧紧紧固螺钉。

2）打开顶针开关阀的阀帽，装上专用检修阀，使检修阀的阀杆刀口插在开关阀上部的槽口内，然后将检修阀的阀帽拧紧。

　　3）顺时针旋转检修阀阀柄，开关阀的阀顶（顶针）随即也被旋进管道内，使管道的管壁顶压出一个锥形圆孔。

　　4）逆时针旋转检修阀，开关阀的阀尖也退出管壁圆孔，制冷剂也随即喷出，沿着检修阀的接口流入制冷剂容器中。在现场维修时使用这种阀门十分方便，并且也可以用在制冷系统的抽真空、充氟等工序中，从而省掉了焊接操作。需要注意的是：操作完毕后，顺时针旋转检修阀，使开关阀的顶尖关闭所开的圆孔，然后卸下检修阀，拧紧开关阀阀帽，整个顶针式开关阀便永久保留在系统管道中。

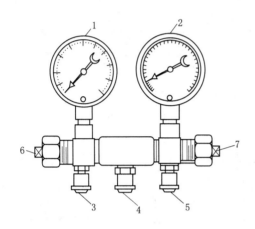

图1-11　专用组合阀

1—压力表；2—真空表；3—钢瓶；4—压缩机；

5—真空泵；6、7—阀开关

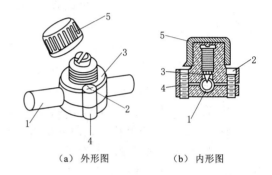

（a）外形图　　　　（b）内形图

图1-12　顶针式开关阀

1—制冷剂管道；2—紧固螺钉；3—上瓣；

4—下瓣；5—阀帽

任务二　制冷系统抽真空

学习目标：

1. 了解制冷系统抽真空的类别。

2. 掌握制冷系统抽真空的方法。

制冷系统为什么强调要抽真空？先来看下空气的组成成分：空气中氮气占 78%；氧气占 21%；其他气体占 1%。那么现在来分析，这些气体的成分在进入制冷系统后，对制冷系统有什么影响？

一、氮气对制冷系统的影响

氮气属于不凝性气体。所谓的不凝性气体指气体随制冷剂在系统中循环，不随制冷剂一起冷凝，也不产生制冷效应。

不凝性气体（图 2-1）的存在对制冷系统有很大的危害，主要表现在会使系统冷凝压力升高，冷凝温度升高，压缩机排气温度升高，耗电量增加。氮气进入到蒸发器里面，不能随着制冷剂蒸发，同样会占据蒸发器的换热面积，使制冷剂不能充分的蒸发，制冷效率降低；同时由于排气温度过高可能导致润滑油碳化，影响润滑效果，严重时会烧毁制冷压缩机电机。

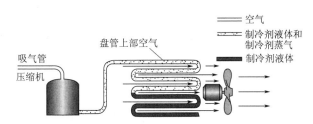

图 2-1　制冷系统中含有不凝性气体

二、氧气对制冷系统的影响

氧气和氮气一样，也是不凝性气体，上面已经分析过不凝性气体的危害，这里不再重复。不过值得注意的是，相对于氮气而言，氧气如果进入制冷系统，还有这些危害：

（1）空气中的氧气会与制冷系统中的冷冻油产生化学反应生成有机物，最后形成杂质，进入到制冷系统，造成脏、堵等不良后果。

（2）氧气与制冷剂、水蒸气等容易产生形成酸的化学反应，使冷冻油氧化，这些酸会损坏制冷系统的各个组件，破坏电机的绝缘层；同时这些酸产物会一直停留在制冷系统里面，起初没有任何问题，随着时间的推移，最后导致压缩机的损毁。图 2-2 很好地说明了这些问题。

三、其他气体（水蒸气）对制冷系统的影响

水蒸气影响制冷系统的正常工作，它在氟利昂液体中溶解度最微小，并且随着温度

的降低溶解度逐渐减少。水蒸气对制冷系统最直观的影响有以下3点，下面用图文方式来说明（图2-2和图2-3）。

（1）制冷系统里面有水，第一个影响的就是节流结构，当水蒸气进入到节流机构的时候，温度迅速降低，水到达冰点，产生结冰，堵住了节流结构细小的通孔，产生冰堵的故障。

（2）水蒸气进入制冷系统，系统的含水量增加，引起管道和设备的腐蚀和堵塞。

（3）产生渣泥沉积物。水蒸气在压缩机压缩的过程中，遇到高温与冷冻油、制冷剂、有机物等，产生一系列的化学反应，导致电动机绕组受损、金属腐蚀并形成渣泥沉积物。

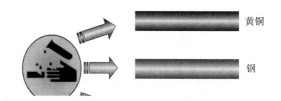

图2-2　制冷系统中含有水分　　　　图2-3　制冷系统中含有水分的腐蚀现象

综上所述，为了保证制冷设备效果，延长制冷设备寿命，必须保证制冷里面没有不凝性气体，必须对制冷系统抽真空。

四、压缩机与真空泵

一种操作误区是用压缩机抽真空。很多人甚至分不清压缩机与真空泵（图2-4）有什么区别，而把它们统称为泵，其实它们有许多不同。

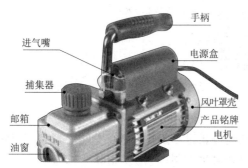

图2-4　真空泵

（1）工作职责的不同：压缩机的工作职责是把低压气体压缩成高压气体，而真空泵则是要造成系统与大气的一个压力差，它的排气压力不需要太高（即大气压力）。

（2）性能不同：真空泵相对于一般压缩机主要突出的性能是要达到极低的极限真空度，而且真空泵的排气远远大于压缩机。

为什么要强调这两点呢？这要从抽真空的另一个目的讲起，对空调抽真空除了为把空调中的空气抽干之外，还要抽干水分。汽车空调中常会混入水分，水分对整个空调系统的危害是巨大的，一滴水都可能造成空调管路的阻塞即所谓的"冰堵"，所以空调系统中一定要减少水分的存在，那么在抽真空时其实除了抽气外，还会利用抽气后达到的负压促成水分挥发为水蒸气，再通过真空泵强大的吸力将水分从空调中吸走，从而达到抽取空调中水分的目的。据有关专家论证，抽水的时间应是抽气的时间10倍，也就是说用真空泵抽真空并不完全是抽气。要达到抽水分的目的就需要较大的极限真空度和吸排气能力，而压缩机则不具备这样的能力。另外在抽真空的时间上应该注意：不能在压力表组一达到负压就立即停止抽真空的操作，而应再多抽5～10分钟，以达到抽取水分的目的。

五、抽真空的难点分析

（1）系统进水后制冷剂中的油水混合物很容易附着于容器壁及铜管壁上，而且部分油又在水滴表面形成油膜，不利于水分在抽真空时蒸发。

（2）油水混合容易形成乳化状，造成难于蒸发而无法被抽除的现象。

（3）用真空泵抽湿时，由于水分的蒸发需要从周围吸热，造成剩余水分温度初步降低，如果没有合适的方法对系统管路进行加热来使剩余水分温度提高或保持在一定的温度范围，那么抽真空除湿的进行过程，也就是蒸发水分的吸热过程，剩余水分的温度就会越降越低。虽然根据热力学原理，在表压力越低的时候，其蒸发压力也越低，也就是说在表压力越低的时候水分仍然能由于真空度的升高而继续蒸发。但是，当剩余水分由于被持续吸热而温度降低于0℃时，将会凝固为冰。而冰升华的速度极为缓慢，不利于抽湿的进行。

六、抽真空的方法

制冷系统在完成检漏工作后要对系统抽真空，将系统中的水分与不凝性气体排出以保证制冷系统的正常工作。

小型制冷空调装置其系统真空度要求较高，系统中残留空气的绝对压力要求在133Pa以下。抽真空的方法有：低压侧抽真空、二次抽真空、复式排空气法和高低压双侧抽真空等。

1. 压缩机自身抽真空

利用压缩机自身抽真空是在没有其他的真空泵和压缩机的条件下，利用制冷设备自身的压缩机进行抽真空。

（1）全封闭压缩机制冷系统自身抽真空。

方法一：自抽自排二次加氟抽空法。在压缩机工艺管上接三通阀，开机后制冷剂进入高压部位，把空气赶到低压部位，再放气，等到气态平衡时就基本上把空气挤出了制冷系统。如果是电磁阀双通道电冰箱，系统管路内还残留空气，制冷效果变差，最好送维修部修理。

方法二：全封闭压缩机制冷系统自身抽真空。连接工艺如图2-5所示。

在压缩机的工艺管上连接干燥过滤器和单表三通低压阀A（简称表阀A）。在冷凝器末端的干燥过滤器的工艺管上连接一个单表三通高压阀B。如果原制冷系统干燥过滤器为单孔无工艺管的，可在原干燥过滤器进气端加装焊一根针阀工艺管接头。当制冷维修工艺流程中的检漏、试压工序完毕后，进行抽真空。从表阀A放出试压用的氮气，当表阀B的压力降至0.3MPa时，应关闭放气阀停止放气，启动压缩机，待表阀B的压力上升至1～1.5MPa，表阀A的压力在0～0.1MPa之间，与制冷正常工作时的压力接近，将多余的气体从表阀B放出。如果检修前制冷系统管路已拆开，并长期暴露在空气中，则有必要延长压缩机的运行时间，利用其本身的热量将潮气排出；如果压缩机是新换的，没有经高温干燥处理过，则预热处理需反复多次，否则容易造成冰堵。如果检漏试压前，系统管

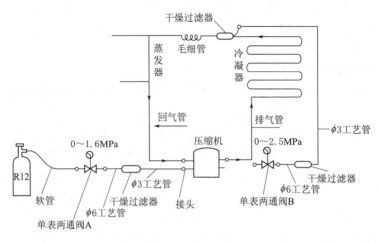

图 2-5　压缩机自身抽真空连接图

路中还有剩余的制冷剂，抽空前压缩机不需专门预热处理，但必须用火焰在所有干燥过滤器的两个滤网之间进行初次快速干燥处理。干燥处理加热的温度控制在 300℃ 左右，也就是让被加热的铜管表面无氧化层，或有微薄的氧化层，但擦去时会变为细粉状。压缩机和干燥过滤器经过快速干燥表阀处理后，打开高压阀 B 放出氮气，待表阀由 1MPa 以上逐渐降为 0 时，而表阀 A 的压力则慢慢降为负压，应暂时关闭表阀 B，等表阀 B 的压力大于 0 时，再放出系统内气体。反复几次后，再将干燥过滤器快速干燥一次，再从表阀 B 排出系统内气体直至高压表阀 B 的压力不再高于 0，即在阀门打开时用手指堵在排气口上，无排气感觉；或手指快速堵放排气口，表针无微微摆动现象。此时高压侧内部压力同外界气压平衡，还没达到制冷抽真空的要求，尚有少量残余气体。因此只有通过从低压工艺管充入气源，才能排出高压侧的残余气体。将低压表阀 A 接上氟瓶，排出软管中的空气，打开氟瓶阀，微开低压表阀 A 将低压侧的压力控制在 0.1MPa 左右，待高压表阀 B 的压力上升到大于 0 时，打开高压表阀 B 放出系统中的余气，放气时间为 1～5s，关上阀门，全部抽空工艺结束。接着进行充氟达标，焊封干燥过滤器的工艺管（非针阀式）。在停机几分钟后，待高、低压刚平衡（此时干燥过滤器的工艺管压力最低）时进行高压工艺管封口。再重开机，在运行状态焊封低压工艺管，最后检漏观察运行是否正常。全封闭压缩机制冷系统自身抽真空的实质是利用压缩机抽空制冷管路低压侧，再向低压侧管路充氟排空高压侧管路中的残留空气。

　　抽空操作注意事项：①抽空和充氟工序中压缩机应一直为运行状态；②排气过程中，当表阀 A 为负压后，且表阀 B 排气压力为 0 时，应快速关闭表阀 B，或用手指堵在排气口上继续排气，但放开气口时间不能太久，要防止外面的空气倒流。如果排气口用透明软管连接，另一头插入冷冻机油瓶中，利用气泡观察排气情况，看 5min 不冒气泡为标准，但需防止油被吸入排气管。禁止用水来观察排气。因为此时停机，可以明显看到两个表均为负压，具有一定程度的真空度。

　　上述抽空工艺称为压缩机＋充氟抽空法；还有压缩机＋真空泵抽空法和压缩机＋压缩机抽空法。这些单侧抽空方法的抽空时间需要 1～2h，若采用高低压双侧同时进行抽空则只需要 20min 左右。

　　方法三：另外根据大中型制冷设备压缩机带有高低压阀直接方便抽真空，可以在小型制冷设备全封闭压缩机的高压排气管至冷凝器之间添加一个最小规格的压缩机截止阀，使全封闭压缩机制冷系统也具备直接抽真空的功能。具体方法是：购买一个三孔（四孔）的小规格压缩机截止阀和带纳子接头的束接头（尺寸大小应与截止阀通往压缩机的出气孔内径相符），将截止阀通往压缩机的出气孔攻丝使其与束接头的一端相连接，但拧入束接头时应注意不要挡住截止阀阀杆的移动，如无合适的丝锥也可直接进行焊接。然后按照图 2-6 所示连接即可。

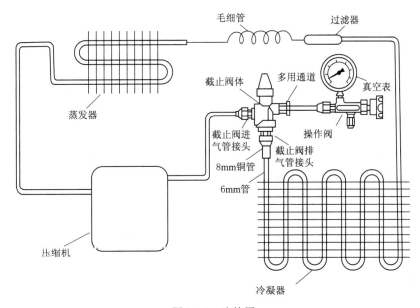

图 2-6　连接图

　　（2）开式和半封闭式压缩机系统抽真空。利用压缩机的检修阀抽空：开式和半封闭式压缩机制冷系统抽真空最理想的抽空装置是真空泵。因为利用压缩机本身进行抽空往往达不到理想的真空度，如果不具备条件也可利用压缩机本身抽空。具体方法是：先打开系统中的全部阀门，使制冷系统畅通。将压缩机高、低压截止阀杆打开推到底，使高、低压截止阀内管路与旁通接口切断，再将高低压组合表阀的高、低压管分别接在压缩机高、低压截止阀的旁通接口上。然后将高压截止阀（也称高压排气阀）的阀杆沿顺时针方向旋到底，关闭高压排气阀使压缩机排气管与冷凝器进气管通路切断，同时使压缩机排气管与高压排气阀的旁通接口相通，并打开与高压排气阀连接的高低压组合表上的高压表阀。接着将低压截止阀（也称低压吸气阀）的阀杆沿顺时针方向旋进 1~2 圈使低压吸气阀内管路与旁通接口和高低压组合表上的低压表阀相通。这样就可以利用压缩机自身进行系统抽真空了。

　　2. 真空泵抽真空

　　真空泵抽真空的方法有低压侧抽真空、二次抽真空、高低压双侧抽真空等。

　　（1）低压侧抽真空。低压侧抽真空常用于小型制冷系统的抽真空，如家用电冰箱、冷

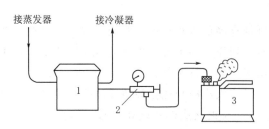

图 2-7　低压侧抽真空连接图
1—压缩机；2—修理阀；3—真空泵

柜等。低压侧抽真空是利用压缩机上的工艺管进行的，而且可以利用压力检漏时连接在工艺管上的修理阀进行，不必另外再接焊口。以维修家用电冰箱为例，低压侧抽真空的连接方法如图 2-7 所示。

低压侧抽真空的缺点是高压侧即冷凝器、干燥过滤器内的空气需要通过毛细管、蒸发器、压缩机，然后由真空泵排出。由于毛细管内径小，流动阻力很大，当低压侧的真空度达到要求时，高压侧仍然不能达到要求，因此采用低压侧抽真空时必须反复进行多次，抽真空时间较长。抽真空的时间视真空泵抽气能力而定，若使用抽气速率为 4L/s 的真空泵，一般抽气 15min 可使系统绝对压力达到 133Pa（1mmHg）以下。

这种方法操作简单，焊接点少，泄漏的可能性相应较小。缺点是系统高压侧的空气需经毛细管抽出，由于毛细管阻力较大，当低压侧中的空气绝对压力达到 133Pa 以下时，高压侧残留空气的绝对压力仍然较高，因此抽真空的时间要求较长。

（2）二次抽真空。在采用低压侧抽真空时，为了使真空度达到要求，可以采取二次抽真空的方法。二次抽真空的工作原理是：先将制冷系统抽真空到一定的真空度后，充入少量的制冷剂，使系统内的压力恢复到大气压力，这时系统内已成为制冷剂与空气的混合气体，第二次再抽真空达到一定的真空度后，系统中绝大部分为制冷剂气体，空气只有很小的比例，从而达到排除空气的目的。

由于二次抽真空的方法要消耗掉一定的制冷剂，所以在实际的操作中不推荐使用，除非特殊情况下，如所使用的真空泵不能达到要求的真空度。

低压侧抽真空很难使制冷系统达到真空度的要求，因而可先将系统抽空到一定的真空度，停止真空泵，然后向系统充入制冷剂并使系统内部压力回升到与大气压相同，此时开启压缩机运行几分钟，使系统残留空气与工质混合，停止压缩机，开启真空泵进行第二次抽真空。虽然高压侧仍然很难达到真空度要求，但同低压侧抽真空相比，系统残留的是制冷剂与空气的混合气体，减少了系统内残留的空气量。

（3）高低压双侧抽真空。高低压双侧抽真空是广泛用于大中型制冷系统的一种抽真空方法，即用一台真空泵从制冷系统的高压侧和低压侧同时抽真空，或用两台真空泵，一台从制冷系统低压侧抽真空，另一台从高压侧抽真空。

在没有特别说明时，以下所提到的高低压双侧抽真空均指使用一台真空泵的高低压双侧抽真空。高低压双侧抽真空连接方法如图 2-8 所示：将真空表连接到真空泵的进口处，用制冷剂充注管把真空表接到复合压力表（又称歧管压力表、双联表）的中间联接口上，用低压充注管连接复合压力表上的低压接口和制冷压缩机的吸气截止阀检修口，用高压充注管连接复合压力表上的高压接口和制冷压缩机的排气截止阀检修口，启动真空泵抽真空即可。

抽真空时，制冷系统中的阀门应全部开启，如电磁阀、截止阀等，但制冷压缩机连接复合压力表的吸气截止阀、排气截止阀均应处于三通状态（阀杆处于中间位置），即截止

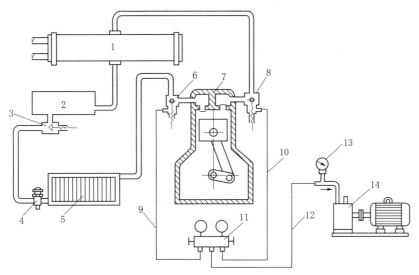

图 2-8　高低压双侧抽真空连接图

1—冷凝器；2—储液器；3—供液阀；4—膨胀阀；5—蒸发器；6—吸气截止阀；7—制冷压缩机；

8—排气截止阀；9—低压充注管；10—高压充注管；11—复合压力表；

12—充注管；13—真空表；14—真空泵

阀上的检修口与制冷系统相连通，同时阀的进口与出口亦相通。

对于小型制冷系统，也可以采用高低压双侧抽真空，与低压侧抽真空相比，这种抽真空方法克服了毛细管阻力对高压侧真空度的不利影响，能使制冷系统在较短时间内获得较高的真空度，故近年来被广泛采用。

七、抽真空的检测方法

（1）油样观察法。在抽湿过程的初期，真空泵在工作一定时间后，其润滑油往往由于与从系统抽出的水蒸气混合而呈乳化状（这时必须加强对其监控并及时更换润滑油，否则会损害真空泵），但其乳化程度随着水分的初步抽除而减少，每次换油后再出现乳化状的时间间隔会越来越长，直到最后，润滑油经长时间抽湿运行也不会变色变浊了，这时系统里的水分已经残留很少了。

（2）压力检测法。根据热力学原理，系统中如存在水分，水分吸热蒸发将引起系统（无制冷剂时）表压力的升高；反之，系统抽真空后，无论如何加热，系统（无制冷剂时）压力也不会升高的，也就是说，通过对系统保压试验时，加热真空的系统其真空度不变。

八、抽真空操作实训

为加强制冷系统抽真空技能，以冰箱系统为例进行抽真空演练。

1. 抽真空使用的工具

抽真空使用的工具有：制冷或空调冰箱设备、带压力表和真空压力表的三通修理阀、连接铜管、真空泵、气焊设备、连接软管、快换接头等。

2. 抽真空方法

低压侧抽真空和高低压双侧抽真空演练。

3. 抽真空过程

（1）低压侧抽真空步骤。

1) 准备。$\phi6$ 的工艺管，$100\sim150\text{mm}$ 长；工具：割管器。

2) 焊接工艺管。工具：便携式焊具，检查是否泄漏。

3) 管道连接。把焊好的工艺管、连接软管、带压力真空表的修理阀、真空泵连接好。注意：压力真空表始终接制冷系统，反映制冷系统的压力。

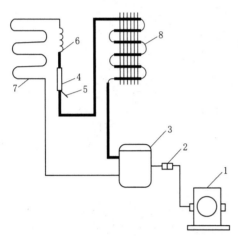

图 2-9 电冰箱低压侧抽真空连接图

1—真空泵；2—快速接头；3—制冷压缩机；
4—干燥过滤器；5—干燥过滤器工艺管；
6—毛细管；7—蒸发器；8—冷凝器

4) 抽真空。按图 2-9 连接好系统后，开动真空泵，把三通阀逆时针方向全部旋开，抽真空 $2\sim3\text{h}$（视真空泵抽真空能力和设备的规格而定）。当真空压力表指示值在 133Pa 以下，手感觉真空泵排气口没有气体排除或负压瓶内的润滑油不翻泡，说明真空度已到，可关闭三通阀，停止真空泵工作。

5) 保压，一般保压 12h。注意：真空表上的压力是否随时间推移而升高。

思考：低压侧的压力（图 2-9 中细线部分）可抽至 133Pa 以下，高压侧的压力（图 2-9 中粗线部分）因为毛细管的存在，有 1000Pa，如何解决？

(2) 高低压双侧抽真空步骤。

1) 准备。$\phi6$ 的工艺管，$100\sim150\text{mm}$ 长（两根）；工具：割管器。

2) 焊接工艺管（两根）。工具：便携式焊具，检查是否泄漏。

3) 管道连接。把焊好的工艺管（两根）、连接软管、带压力真空表的复合修理阀（歧路阀）、真空泵连接好。

注意：压力真空表始终接制冷系统，反映制冷系统的压力。

4) 抽真空。按图 2-8 连接好系统后，开动真空泵，把三通阀逆时针方向全部旋开，抽真空 $2\sim3\text{h}$（视真空泵抽真空能力和设备的规格而定）。当真空压力表指示值在 133Pa 以下，手感觉真空泵排气口没有气体排除或负压瓶内的润滑油不翻泡，说明真空度已到，可关闭三通阀，停止真空泵工作。

5) 保压。一般保压 12h。注意：真空表上的压力是否随时间推移而升高。

如图 2-10 所示，低压侧（细线）抽空由压缩机的工艺管完成，高压侧（粗线）抽空由干燥过滤器的工艺管完成。

通过操作结果可看出高低压侧的压力均可抽至 133Pa 以下，效果好。

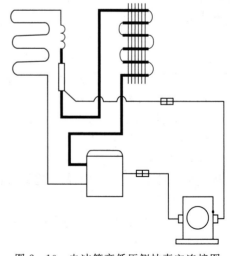

图 2-10 电冰箱高低压侧抽真空连接图

任务三　制冷系统检漏与充注制冷剂

学习目标：

1. 了解制冷系统制冷剂易泄漏的位置。
2. 能掌握制冷系统检漏的方法。
3. 能掌握制冷系统充注制冷剂的方法。

一、制冷系统检漏

主要讲述制冷系统制冷剂容易泄漏的位置及检漏的方法。将制冷设备通过管路连接后形成一个封闭的制冷系统，对该系统进行的气密性实验称系统检漏。

（一）制冷系统制冷剂泄漏部位

制冷系统制冷剂泄漏部位见表 3 - 1。

表 3 - 1　　　　　　　　　　　制冷系统制冷剂泄漏部位

设 备 名 称	泄 漏 部 位
冷凝器	冷凝器进管和出管连接处、冷凝器盘管
蒸发器	蒸发器进气管和出口管连接处、蒸发器盘管、膨胀阀
储液干燥瓶	熔塞、诸接头、喇叭口处
制冷剂管道	高、低压软管，高、低压软管各接头处
压缩机	压缩机油封、压缩机吸排气阀
管道	连接处、焊缝
其他	过滤器、高低压力表等部件的接口及本身的填料处

（二）制冷系统制冷剂检漏方法

制冷剂的检漏有油垢检漏、压力检漏、仪器检漏、目测检漏、肥皂水检漏、卤化物检漏仪检漏、电子检漏仪检漏、染料检漏、真空检漏和加压检漏等方法。其中卤化物检漏仪只能用于 R12、R22 等制冷剂的检漏，对 R134a、R123 等不含氯离子的新型制冷剂无效果。电子检漏仪有 3 种，适用 R12、适用 R134a、同时适用 R12 与 R134a（可分两挡使用），使用时要注意维修阀泄漏和丢失维修阀的保护帽是导致制冷剂泄漏的重要原因之一。若丢失维修阀保护帽，每年从维修阀处漏失的制冷剂可能有 0.45kg 之多，故应对维修阀进行检漏，并且维修阀一定要盖紧保护帽。

1. 油垢检漏

由于制冷剂能够溶解润滑油，在压缩机运行时，温度升高使一部分润滑油气化，随着制冷剂从泄漏点渗出来，在制冷系统的表面上形成油污，这是制冷剂泄漏的标志。在维修时要仔细检查整个制冷系统的外壁，观察有无油污现象存在，特别要注意查找焊口处，焊缝处。

2. 压力检漏

压力检漏就是对整个系统充注一定压力的气体。最好是氮气，观察压力表的压力是否随时间而下降，若压力表上的压力降低，说明制冷系统有漏缝和漏孔。电冰箱制冷系统压力检漏方法如图 3-1 所示。

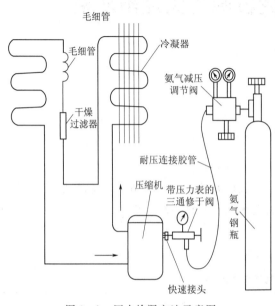

图 3-1 压力检漏方法示意图

3. 仪器检漏

检测制冷剂泄漏的仪器有卤素灯和电子检漏仪。

（1）卤素灯检漏：是利用卤素检漏灯的红色火焰遇到氟里昂气体会改变颜色的特点，检查出氟利昂泄漏的地方。泄漏量小，火焰微带绿色；泄漏量大，火焰带绿紫色。

（2）电子检漏仪：是利用卤素原子在电场的作用下极易电离而形成离子流的原理来检测泄漏部位。如果被检漏部位有泄漏时，电子检漏仪会发出蜂鸣报警声。

4. 目测检漏

空调中所采用的压缩机油（冷冻油）是与制冷剂互溶的，因而可根据制冷系统及其连接软管等零件的表面和连接处出现油迹，判断有制冷剂逸出。

5. 肥皂水检漏

要想确定细微漏点，用皂泡是个比较有效的方法。有些漏点局部凹陷，检漏灯或电子检测器械很难进入，要想确定泄漏的准确位置，应采用皂泡检漏。

将有一定浓度的肥皂水（可用肥皂削碎，也可用肥皂粉）涂布在受检处。若零件表面有油迹，要事先擦净。若检查接头处，要整圈均匀涂上。仔细全面地观察，若有气泡或鼓泡，则可判为有泄漏。在制冷系统低压侧管道检漏，必须使压缩机停止工作；在高压侧检漏时，就不受限制。关键是肥皂水的浓度要掌握好，太稀、太浓都不行。这种方法比较经济、实用，适用于暴露在外表、人眼能看得到的部位，但精度较差，不能检查微漏，对找出针眼大小的泄漏最有效。

二、制冷系统制冷剂充注

制冷系统制冷剂充注量应适当，过多或过少都会影响制冷系统的正常工作。

制冷系统充注制冷剂通常利用三通截止阀从低压侧和高压侧分别充注气态和液态制冷剂。

1. 从低压侧充注液态制冷剂的方法

操作时，先将低压三通截止阀逆时针方向旋至端点，再将氟瓶的加氟管接于低压三通截止阀的旁通丝座上，将氟瓶置于磅秤上并记录重量。然后打开 R22 氟瓶的瓶阀，将三通截止阀旁通丝座的接头稍微松开，用 R22 气体将加氟管内的空气赶出，在听到接头处有"嘶、嘶"的气流声时立即将其锁紧。然后开启高压三通截止阀，启动冷却水系统向冷凝器中供应冷却水或启动风冷式冷凝器的风机运行，再启动压缩机运行之后，按顺时针方向旋转低压三通截止阀杆 1~2 圈，气态制冷剂即注入制冷系统，当注入量达到规定的重量后，立即关闭氟瓶截止阀，将低压三通截止阀按逆时针方向旋至端点，关闭 R22 氟瓶的瓶阀，拆下加氟管，加氟工作结束。

　　2. 从高压侧充注液态制冷剂的方法

　　操作时，要先将 R22 氟瓶放置在高于制冷系统贮液器的位置上，以保持氟瓶与系统之间的液位差。充注 R22 前，应先将系统的高压三通截止阀按逆时针方向旋至端点，卸下旁通丝座螺塞，用铜管将氟瓶连接于旁通丝座上。连接铜管应有一定的松弛度，以防影响称重时的准确度。然后，开启氟瓶瓶阀，将旁通丝座的连接锁母稍微松开，用液体制冷剂将管内的空气赶出。当看到接口处有白色制冷剂烟雾喷出时，应立即锁紧锁母，记录磅秤指示的重量。之后，按顺时针方向将高压三通截止阀调至三通状态，液态制冷剂在压差作用下，即可注入系统。当注入量达到规定的充注量时，立即关闭氟瓶瓶阀，并用热毛巾对连接铜管加热，以使制冷剂全部进入系统。充注结束后，要将高压三通截止阀按逆时针方向旋至端点，拆下氟瓶连接管，安装好螺塞。要特别注意的是，利用液态充注法充注时绝对不允许启动压缩机，以防止压缩机发生"液击"故障。

　　3. 制冷系统制冷剂 R12 的充灌

　　电冰箱对充注制冷剂要求比较严格，误差应小于规定的 5%。充注方法如下。

　　(1) 定量加液器充注法。定量加液器结构如图 3-2 所示。操作时，可按压力表上指示的压力值和制冷剂的种类，将标度筒所对应的分度线转到液量观察位置，通过三通截止阀将压缩机工艺管和定量加液器下阀用管道相连接，向制冷系统充灌制冷剂，达到充注量后立即关闭阀门停止加注。

　　(2) 称量加注法。具体操作方法是把充有制冷剂的钢瓶 (3kg) 放在小磅秤的托盘上，瓶口朝下，用软管将钢瓶阀门与修理阀门吸口相连接，并用钢瓶内的制冷剂将软管内空气排掉，定好秤上的加注量，打开修理阀门，制冷剂会缓慢的注入制冷系统。当磅秤达到平衡位置时，说明充注量已符合要求，关闭钢瓶上的阀门，加注结束。

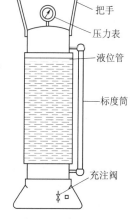

图 3-2　定量加液器

把手
压力表
液位管
标度筒
充注阀

　　(3) 控制低压压力法。低压压力的高低，是由充注制冷剂量的多少决定的，充注量多，压力高，反之就低。压力的高低还受温度影响。冬季低压控制在 50~60Pa，夏季控制在 60~80Pa 范围内较合适。管道设备连接如图 3-3 所示。打开修理阀的阀门，观察压力表的读数，待压力上升到 70Pa 时，立即关闭修理阀门。接通电源，使压缩机启动运转，这时压力表上的读数慢慢下降，降到一定的值后，基本保持不变，这个压力就是制冷系统的低压压力，如果此数值低于规定值，可向制冷系统充注一些制冷剂，若高于规定值，可适当防掉一些制冷剂。

　　(4) 观察法。充灌制冷剂后，接通电冰箱电源，压缩机启动运转，观察蒸发器的结霜

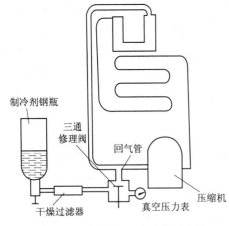

图 3-3 控制低压压力连接示意图

情况、冷凝器的温度、低压吸气管的温度及压缩机的运转电流。当蒸发器全部结霜，冷凝器发热，压缩机运转电流在额定的范围内，说明制冷剂充注量合适。如果蒸发器结霜不均匀，蒸发器出口处不凉，冷凝器温度较高，说明制冷剂充注量不足。如果制冷剂充注过量，蒸发器结霜也是不均匀，但低压吸气管结霜很多。手摸冷凝器不发热或温度较低，压缩机运转电流超过额定值。当制冷剂冲量合适，压缩机运转电流在较长时间里，一直在额定数值内，冷藏室温度也在规定范围内，在电冰箱自停自开两次后，就可以封口了。

4. 开启式、半封闭式制冷压缩同机系统低压吸入制冷剂的方法

开启式压缩机制冷系统充灌制冷剂方法较多，但较为常用的是低压吸入法，吸入法不但适用于系统首次充灌，也适于在添加制冷剂时使用。吸入法是在压缩机运转的情况下进行的，充灌时主要是吸入氟利昂蒸气，也可充入液体，但须注意，阀门开启要小，以防止制冷剂液体进入压缩机，产生液击现象。操作步骤如下。

（1）将制冷剂钢瓶放在磅秤上，拧上钢瓶接头。将压缩机低压吸入控制阀向"逆时针"方向旋转，关闭多用通道口，拧下多用通道口上的细牙螺塞和其上所装接的其他部件。

（2）装上"三通接头"，一端接真空压力表，另一端连接充注制冷剂用的紫铜管，并经过灌用的干燥过滤器，再连接到制冷剂钢瓶的接头上。

（3）稍打开钢瓶上阀门，使紫铜管中充满氟利昂气体，稍拧一下三通接头上的接头螺母，利用氟利昂气体的压力将充灌管及干燥过滤器中的空气排出。然后拧紧所有接头螺母，并将钢瓶阀门打开。

（4）使连接器及干燥过滤器均处于不受力状态，从磅秤上读出重量数值，在整个充灌过程中均须作记录，充灌用部件及磅秤上得承受任何外力，以免影响读数。

（5）按顺时针方向旋转制冷压缩机的低压吸入控制阀，使多用通道和低压吸入管及压缩机均处于连通状态，制冷剂由此进入系统。充灌时应注意磅秤上重量读数变化和低压表压力变化。若压力已达到平衡而充灌数量还未达到规定值，先开冷却水（或冷却风扇），待冷却水自冷凝器出水口流出后，起动压缩机进行充灌，开机前先将低压吸入控制阀向逆时针方向旋转，关小多用通道口，以免发生液击（若有液击，应立即停机），然后按顺时针方向逐步开大多用通道口，使制冷剂进入系统。

（6）当磅秤上显示的数值达到规定的充灌重量时，先关钢瓶阀，然后逆时针旋转低压吸入控制阀，关闭多用道口，立即停下压缩机。

（7）松开和卸下接管螺母及充灌制冷剂的用具以及三通接头，将此处原先卸下的细牙接头和低压表等部件接上并拧紧。

（8）顺时针旋转低压吸入阀 1/2～3/4 圈，使多用通道口与低压表及压力控制器等相通（开启的大小以低压表指针无跳动为准）。

5. 充灌制冷剂时应注意的几个问题

（1）要掌握最佳充灌量。制冷剂充灌量与制冷装置的性能密切相关。制冷剂充灌过多易引起液击，而且蒸发器内的液体不能完全蒸发，仍然呈液态被吸回到压缩机。制冷剂在蒸发器内不蒸发，就不能吸收外部热量，也就达不到制冷效果。充灌量过少，蒸发器的全部面积就不能有效利用，制冷能力也低。那么怎样掌握充灌量呢？实践和理论计算表明，从降温速度上讲，由常温降至箱内设计温度所需的时间，以充灌稍多为快；从节省电力角度来看，则充灌量比最大限值少一点好；从连续使用来看，综合利弊，仍以充灌量稍少一点为好。

（2）充灌的制冷剂必须经干燥、过滤处理。由于厂产的制冷剂含水量超出制冷系统所要求的指标，因此必须经干燥过滤器过滤后才能充入系统。

（3）制冷系统不允许充灌甲醇。在维修过程中，往往由于操作不精心或不按规程进行，使制冷系统中因水分过多而出现冻堵，结果就向系统充灌防冻剂甲醇。充入防冻剂后会形成带有水沉积物的冻结混合物，从而给系统带来一系列弊病：产生腐蚀和镀铜；被干燥剂吸附，降低了干燥剂的效用；促进了绝缘材料的醇解，电机易烧毁。较为理想的解决冻堵的方法是使用足够大和优质的干燥器进行脱水，再加上精心按规程进行操作。

（4）在向 R22、R13 和 R502、R13 二级复叠制冷装置或 R22、R13、R14 和 R502、R13、R14 三级复叠制冷装置中添加制冷剂时，其次序为：先充灌 R22 或 R502 再充灌 R13，最后充灌 R14。在添加 R13 及 R14 低温高压制冷剂时，充灌量应以 0.10kg 为单位逐步加入，以免充灌数量过大，致使制冷压缩机高温排气压力过高，从而导致高压报警和电机过载等。

三、制冷系统检漏实训操作

1. 实训目的

（1）熟悉肥皂水检漏、卤素灯检漏、电子卤素检漏仪检漏的方法。

（2）掌握检漏的操作步骤。

2. 实训重点

肥皂水检漏、卤素灯检漏、电子卤素检漏仪检漏的方法。

3. 实训难点

检漏的操作步骤。

4. 实训器材

电冰箱、气焊设备、制冷剂 R12 钢瓶、氮气钢瓶、减压阀、三通修理阀、割管器、扩管器、连接管、肥皂、空杯、毛笔、无水酒精、卤素灯、电子卤素检漏仪等。

5. 检漏实习操作步骤

（1）直观检漏。用目测或手摸系统焊接处有无油污，如有油污，说明该处存在泄漏，同时可在较安静的环境下，听有明显气流声音。此类方法在一般修理时可以作为初步判断依据，但仅可对暴露在外的管道进行检查。

（2）肥皂水检漏。

1）用小刀将肥皂削成薄片，浸泡在杯中的热水内，并不断搅拌，使肥皂溶化成稠状溶液。

2）用割管器割断压缩机的工艺管，并加焊 $\phi6$ 铜管。

3）用连接管连接加焊铜管和带有压力表的三通修理阀。

4）将减压阀安装在氮气钢瓶的出口。

5）用连接管连接三通修理阀和减压阀。

6）开启氮气钢瓶，顺时针旋动减压阀的调节杆。

7）当减压阀的指示数值为 0.6MPa 时，开启三通修理阀。

8）当三通修理阀压力表的指示数值为 0.6MPa 时，关闭三通修理阀和氮气钢瓶阀。

9）用毛笔蘸肥皂水涂抹于被检处。

10）仔细观察被检处是否有气泡冒出。

如有气泡证明该处泄漏，重复涂抹 2～3 次，准确找到漏点。如初次未发现可疑漏点，则应用肥皂水涂抹所有外露管道和接头进行检漏。（上述检漏操作如未发现漏点，而维修压力表读数下降，说明电冰箱系统内漏，需另行维修。）

（3）卤素灯检漏。

1）通过三通修理阀向制冷系统内充入 0.3～0.4MPa 的制冷剂后关闭制冷剂钢瓶阀和三通修理阀。

2）将卤素灯的底座倒置，向灯筒加入无水酒精后旋紧底座并将灯放正。

3）顺时针旋转卤素灯的手轮，关闭阀心，向酒精杯加满酒精并点燃。

4）将酒精杯内的酒精燃尽时，逆时针旋转手轮一圈。阀芯开启后，卤素灯火焰圈内即有酒精蒸气喷出并燃烧。

5）将卤素灯的探管移至被检处。

6）通过火焰是否变色判断泄漏点。

7）检漏完毕后将手轮按顺时针方向旋至关闭位置，然后将底盘打开、倒出未用完的酒精。

（4）电子卤素检漏仪检漏。

1）通过三通修理阀向制冷系统内充入 0.3～0.4MPa 的制冷剂后关闭制冷剂钢瓶阀和三通修理阀。

2）调整工作状态调节电位器，将仪器调至正常使用工作点。

3）将探头靠近被检处约 5mm 处，并慢慢移动。

4）当移至某处，发光二极管和蜂鸣器发出声光报警信号时，该处即为漏点。

电冰箱维修过程中经过检压、检漏，对其泄漏点经过适当处理后，进行保压试漏。保压一般用氮气而不用制冷剂，保压压力一般为 0.6～0.8MPa，保压时间为 24h。一般 24h 压力下降不允许超过 0.01MPa，如果压力下降超过 0.01MPa，则说明系统中仍然存在泄漏部位。

上述操作过程需要重复进行，直至无漏为止。

6. 检漏操作注意事项

（1）用肥皂水检漏找到漏点后，一定要先用干毛巾擦去肥皂水以免造成冰堵，然后放出制冷系统中的氮气，以免肥皂水进入系统。

（2）充氮加压检漏时，充入氮气后系统的压力不能太大，否则容易使制冷系统部件损坏。

（3）检漏应在系统内压力平衡后进行。

（4）在电冰箱维修过程中，只有用制冷剂打压检漏且制冷剂泄漏点很小时，才能使用电子检漏仪进行检查。

（5）使用电子卤素检漏仪检漏时，环境空气应洁净、流动、以免出现误报警。

（6）使用电子卤素检漏仪检漏时，应严防大量的制冷剂蒸气吸入检漏仪而污染电极，降低仪器的灵敏度。

（7）使用电子卤素检漏仪检漏时，探头移动速度应不高于 50mm/s。

任务四 压缩机组件的结构、检测与代换

学习目标：

1. 了解空调、电冰箱活塞式压缩机组件的结构特点。
2. 了解活塞式压缩机组件的工作过程。
3. 掌握压缩机组件的检测方法。
4. 掌握压缩机组件的代换方法。

主要介绍电冰箱、空调器活塞式压缩机组件的结构和工作原理。以典型的电冰箱、空调器活塞式压缩机组件为例，通过对压缩机组件的拆解，使读者了解活塞式压缩机组件的结构特点和工作原理。然后，通过实际检测、代换的操作，将压缩机组件检测和代换的方法、技巧以及操作注意事项等呈现在读者面前。同时，进一步掌握电冰箱、空调器检修过程中专用检修工具的使用方法和适用范围。

一、活塞式压缩机

（一）活塞式压缩机的工作原理

当活塞式压缩机的曲轴旋转时，通过连杆的传动，活塞便做往复运动，由气缸内壁、气缸盖和活塞顶面所构成的工作容积则会发生周期性变化。活塞式压缩机的活塞从气缸盖处开始运动时，气缸内的工作容积逐渐增大，这时，气体即沿着进气管，推开进气阀而进入气缸，直到工作容积变到最大时为止，进气阀关闭；活塞式压缩机的活塞反向运动时，气缸内工作容积缩小，气体压力升高，当气缸内压力达到并略高于排气压力时，排气阀打开，气体排出气缸，直到活塞运动到极限位置为止，排气阀关闭。当活塞式压缩机的活塞再次反向运动时，上述过程重复出现。总之，活塞式压缩机的曲轴旋转 1 周，活塞往复 1 次，气缸内相继实现进气、压缩、排气的过程，即完成一个工作循环。活塞式压缩机实物及内部结构、工作原理、活塞式压缩机的零件分解、活塞式压缩机的内部结构如图 4-1~图 4-4 所示。

（二）活塞式压缩机的优点

（1）活塞压缩机的适用压力范围广，不论流量大小，均能达到所需压力。

（2）活塞压缩机的热效率高，单位耗电量少。

（3）适应性强，即排气范围较广，且不受压力高低影响，能适应较广阔的压力范围和制冷量要求。

（4）活塞压缩机的可维修性强。

（5）活塞压缩机对材料要求低，多用普通钢铁材料，加工较容易，造价也较低廉。

（6）活塞压缩机技术上较为成熟，生产使用上积累了丰富的经验。

（7）活塞压缩机的装置系统比较简单。

（三）活塞式压缩机的缺点

（1）转速不高，机器大而重。

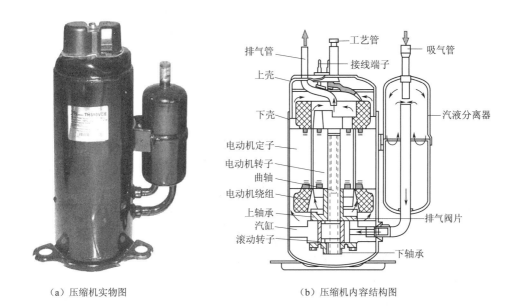

（a）压缩机实物图　　　　　　　　　（b）压缩机内容结构图

图 4-1　往复活塞式压缩机的实物图及其内部结构图

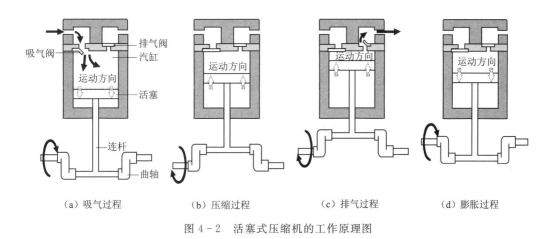

（a）吸气过程　　　（b）压缩过程　　　（c）排气过程　　　（d）膨胀过程

图 4-2　活塞式压缩机的工作原理图

（2）结构复杂，易损件多，维修量大。

（3）排气不连续，造成气流脉动。

（4）运转时有较大的震动。

活塞式压缩机在各种场合，特别是在中小制冷范围内，成为应用最广、生产批量最大的一种机型。

（四）活塞式压缩机的分类

活塞式压缩机是容积型压缩机中应用最广泛的一种。在石油、化工生产中，活塞式压缩机的主要用途是：①压缩气体用作动力，如空气被压缩后可作为动力驱动各种风动机械、工具，以及控制仪表与自动化装置；②制冷和气体分离，如气体经压缩、冷却、膨胀而液化，用于人工制冷（通常称制冷机或冰机），若液化气体为混合气可在分离装置中将

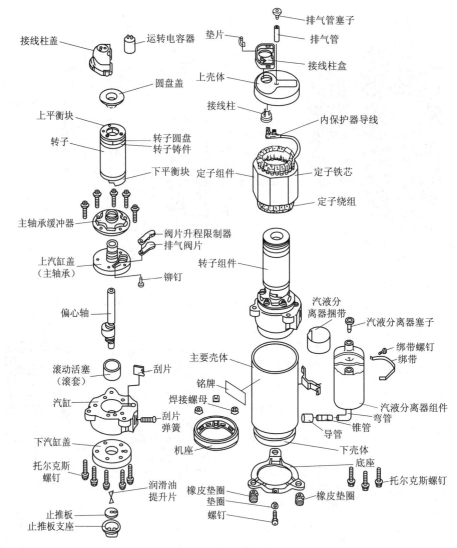

图 4-3 活塞式压缩机的零件分解图

其中的各组分分离出来，如石油裂解气是先经过压缩后在不同温度下将其各组分分别分离出来的；③用于合成及聚合，如氮和氢高压后合成为氨、氢与一氧化碳高压后合成为甲醇、二氧化碳与氨高压合成为尿素，以及高压生产聚乙烯等；④用于气体输送或装瓶，如气体经压缩机提压后经管道远程输送煤气和天然气、各种生产原料用气的输送，以及氮气、氧气、氢气、氯气、氩气、二氧化碳等的装瓶。活塞式压缩机划分原则如下所述。

1. 按气缸的布置分类

（1）立式压缩机，气缸均为竖立布置。

（2）卧式压缩机，气缸均为横卧布置。

（3）角式压缩机，气缸布置为 V 形、W 形、L 形、星形等不同形状。

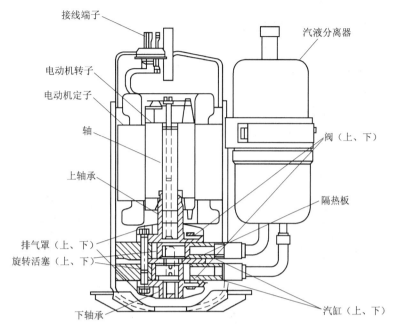

图 4-4　活塞式压缩机的内部结构图

（4）对称平衡式压缩机，气缸横卧布置在曲轴两侧，相对两列气缸的曲拐错角为 180℃，而且惯性力基本平衡。

2. 按排气压力分类

（1）低压压缩机，排气压力为 0.3～1MPa（表压）。

（2）中压压缩机，排气压力为 1～10MPa（表压）。

（3）高压压缩机，排气压力为 10～100MPa（表压）。

（4）超高压压缩机，排气压力>100MPa（表压）。

3. 按排气量分类

（1）微型压缩机，排气量小于 0.017m³/s。

（2）小型压缩机，排气量为 0.017～0.17m³/s。

（3）中型压缩机，排气量为 0.17～1.00m³/s。

（4）大型压缩机，排气量大于 1.00m³/s。

4. 按气缸达到终压所需级数分类

（1）单级压缩机，气体经一次压缩达到终压。

（2）双级压缩机，气体经两级压缩达到终压。

（3）多级压缩机，气体经三级以上压缩达到终压。

5. 按活塞在气缸中的作用分类

（1）单作用压缩机，气缸内仅一端进行压缩循环。

（2）双作用压缩机，气缸内两端都进行同一级次的压缩循环。

（3）级差式压缩机，气缸内一端或两端进行两个或两个以上不同级次的压缩循坏。

6．按列数的不同分类

（1）单列压缩机，气缸配置在机身一侧的一条中心线上。

（2）双列压缩机，气缸配置在机身一侧或两侧的两条中心线上。

（3）多列压缩机，气缸配置在机身一侧或两侧两条以上的中心线上。

二、实训演练

虽然压缩机的种类繁多，但不论是哪种压缩机，其基本外部特征都大体一致，即外壳采用全钢体封装式设计（故称全封闭式压缩机），在壳体上有 3 根管路和 3 个接线端子，典型压缩机的引管与接线端如图 4 - 5 所示。

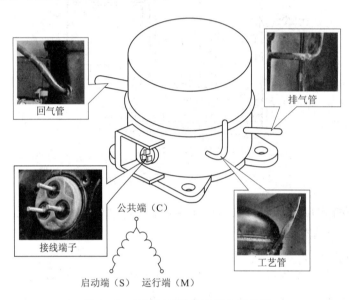

回气管

排气管

接线端子

公共端（C）

工艺管

启动端（S）　运行端（M）

图 4 - 5　典型压缩机的引管与接线端

（一）通电运行检查压缩机工作是否运转

首先启动制冷设备，使压缩机运转工作，观察压缩机的工作声响，如果压缩机运转工作时震动和噪声较大，则主要是以下几方面的原因：①压缩机内部的机械运行部件的质量不平衡引起的噪声；②吸气、排气时的气流冲击声及震动声；③电动机的磁场震动和旋转震动声；④高频率旋转冷冻机油的搅动声；⑤主轴承的响声，轴及滑动部位的响声；⑥排气管路及压缩机机壳内空间气柱的共振声；⑦压缩机内转子与壳体壁有撞击的情况，支撑弹簧错位产生撞击声。

对于以上各种原因交错产生的压缩机噪声，可以从以下几个方面采取措施进行消除或调整：

（1）选择合理的进、排气管路，尤其是进气管的位置、长度、管径对压缩机的性能和噪声影响很大，气流容易产生共振。

（2）在安装和维修时，连接管弯曲的半径太小，截止阀开启间隙过小，系统中有堵塞现象，连接管路不符合要求（规格太细并且过短），这些因素都将增大运行的噪声。

（3）压缩机注入的冷冻机油要适当，油量多固然可以增强润滑效果，但也增大了机内零件搅动油的声音。因此，制冷系统中的油量循环不得超过 2％。

（4）压缩机的外面与管路之间的保温减振垫要符合一定的要求。减震吊簧脱钩，多是由压缩机倒放或倾斜角多大引起的，发生减震吊簧脱钩时，需将弹簧挂钩重新紧固好或更换新的弹簧。

（二）压缩机压缩性能检测

检测压缩机的排气是否有力，检测压缩机吸气是否有力，如图 4-6 所示。

　　　　（a）压缩机吸气检测　　　　　　　　　　　（b）压缩机排气检测

图 4-6　压缩机吸气排气检测

（三）电冰箱压缩机电机绕组的检测

1. 认识压缩机电动机的绕组标识

压缩机电动机的绕组分启动和运行 2 个绕组，3 个接线端，分别为启动端、运行端、公共端，如图 4-7 所示。

2. 压缩机电动机的绕组检测

（1）使用万用表检测启动端与公共端之间的阻值。

（2）使用万用表检测运行端与公共端之间的阻值，如图 4-8 所示。

（3）使用万用表检测启动端与运行端之间的阻值。

（4）绕组接地情况的检测，如图 4-9 所示。

一般说，绕组间直流电阻值具有 $R_{MS} > R_{CS} > $

图 4-7　压缩机电动机的绕组标识

R_{CM}；$R_{MS} = R_{CS} + R_{CM}$。在使用时，根据这个规律，很容易判断出压缩机电动机绕组的 3 个接线端子。绕组常见的故障一般有绕组断路、绕组短路和绕组搭壳。

（四）电机绕组的检测结果

1. 压缩机电动机的端子判断

（1）将万用表调至 $R \times 1$ 挡，"校零"。

（2）用万用表电阻挡分别测量各端子之间的阻值，即 $R12$、$R13$、$R23$。

（3）若 $R23$ 之间的阻值最大，端子 1 为公共端子；剩下的两个端子若 $R13 > R12$，则说

（a）测启动端与公共端之间的阻值

（b）测运行端与公共端之间的阻值

图 4-8　压缩机电动机的绕组检测

（a）测启动端与运行端之间的阻值

（b）测绕组接地情况

图 4-9　检测启动端与运行端之间

明端子 3 为启动端子，端子 2 为运行端子。正常电冰箱压缩机端子间的阻值应符合 $R23 = R12 + R13$。

2. 压缩机电动机的绝缘性能的检测

（1）将万用表调到 $R \times 1k$ 或 $R \times 10k$ 挡，"校零"。

（2）当把万用表一端接在任一端子，另一端接在压缩机外壳上进行测量时，若电阻值等于或趋近于"0"值，则表示绕组接地（通地）。

3. 压缩机电动机的绕组短路和断路的判断

（1）将万用表调到 $R \times 1$ 或 $R \times 10$ 挡，经"校零"后，用表笔测量绕组接线端子（接线柱）之间的直流电阻值，若电阻值为"0"或比规定值小得多，则表示绕组短路或线间局部短路。

（2）将万用表调到 $R \times 1$ 或 $R \times 10$ 挡，经"校零"后，将万用表笔测量绕组接线端子（接线柱）之间的直流电阻值，若电阻值为"∞"，则表示断线（绕组断路）。

任务五　电冰箱电气元件好坏判断

学习目标：

1. 了解电冰箱电气控制系统。
2. 掌握电冰箱电气元件好坏判断的方法。

　　电气控制系统是电冰箱上很重要的组成部分。一旦出现故障，便会影响到电冰箱的正常工作。维修电气控制系统的故障，就是由故障现象出发，根据电路组成及设备电气控制器件的结构、原理，分析产生这一故障的原因。在分析判断的基础上，运用正确的检测手段来确定故障的部位，最后予以排除。在这些环节中，理解各器件的结构原理及各种基本电路的工作原理是基础，而掌握正确的检测技术则是关键。检测的结果，不仅能验证分析、判断的正确性，还是修理或更换设备的必要前提。

　　一、电冰箱电气控制系统

　　电冰箱的电气控制系统由电冰箱的温度自动控制系统、除霜控制系统、压缩机启动与过电流保护和过热保护系统、照明电路等组成。

　　电冰箱电路分为直冷式电冰箱电路、间冷式电冰箱电路。

　　（一）直冷式电冰箱的控制电路

　　1. 单门直冷式（重锤式启动器）

　　（1）单门直冷式电冰箱的控制电路组成（图5-1）：由启动电容1、重锤式启动继电器2、压缩机电动机3、过电流过热蝶形热保护器4、温度控制器5、照明灯开关7和照明灯8等组成。

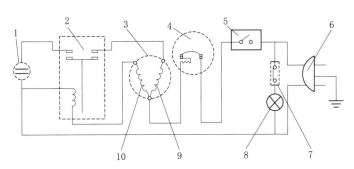

图5-1　采用重锤式启动器启动的直冷式电冰箱的控制电路

1—启动电容；2—重锤式启动继电器；3—压缩机电动机；4—蝶形热保护器；5—温度控制器；
6—电源插头；7—照明灯开关；8—照明灯；9—启动绕组；10—运行绕组

　　（2）温度控制：当箱内冷冻室温度低于温控器所设定的下限温度时，温度控制器5断开压缩机的电源，从而使压缩机停机（升温）。当箱内冷冻室温度高于温控器所设定的上限温度时，温度控制器5接通电源，压缩机启动（降温）。

（3）压缩机启动运行控制：接通电源时温度控制器 5 闭合，电流经过运行绕组而进入重锤式启动继电器的线圈构成回路，在此瞬间，启动电流一般可达到 6～8A 以上，使重锤式启动继电器的线圈产生足够吸引衔铁的磁力，重锤式启动继电器触点闭合．电动机的启动绕组接通电源，压缩机启动。随着转速的增加，运行绕组 10 中的电流逐渐减小，当电流减小到无法再吸引重锤式启动继电器的衔铁时，触点断开，电动机的启动绕组 9 断电，电动机进入正常的运行状态，此时的电流为运行电流。电容 1 的作用是起电流移相，增大启动转矩，改善启动性能。

2．单门直冷式（PTC 启动器）

（1）压缩机启动运行控制如图 5-2 所示：在电路通电的瞬间，由于 PTC 启动器电流小，温度比较低，所以电阻值也较低，则启动绕组处于接通状态。压缩机启动绕组和运行绕组同时接通电路，压缩机启动运转。经过 5s 左右的时间后，PTC 启动器温度迅速升高，阻值增大．当温度达到 150℃时，PTC 启动器呈现高阻值状态，使流过启动绕组的电流大大减小．也就相当于启动绕组处于断路状态。但是此时仍有小电流流过 PTC 启动器（10～15mA），从而可维持它高阻值所需要的高温，使启动绕组保持断路状态，使电动机持续在运行状态。当箱体内的温度达到所定温度下限时，温控器使系统处于断电状态，PTC 启动器中无电流流过，温度下降。当温度低于 100℃时，该器件又恢复到了低阻值状态，为下一次运行做好准备。

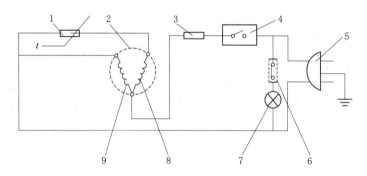

图 5-2　采用 PTC 启动器启动的直冷式电冰箱的控制电路
1—PTC 启动器；2—压缩机电动机；3—过载热保护器；4—温度控制器；5—电源插头；
6—照明灯开关；7—照明灯；8—启动绕组；9—运行绕组

（2）过流过热控制：蝶形保护器串联在电路中，正常运行时处于闭合状态，当电路出现故障、压缩机中电动机的电流过大或者过热时，保护器常闭触点断开，切断电路。

（3）照明控制：照明电路和压缩机温度控制器并联在电路中，因此不论压缩机是否停机运转，箱门开时灯亮，关时灯灭。另外有些照明灯还具有杀菌的作用。

3．双门直冷式

（1）控制电路（图 5-3）的两个特点：①使用了定温复位型温度控制器；②设置了化霜和温度补偿电路。

（2）化霜和温度补偿电路：H_1 是管道加热器，装在冷冻室蒸发器和冷藏室蒸发器连接处，其目的是防止管道冷冻；H_2 是化霜加热器，装在冷藏室的蒸发器上，给蒸发器除

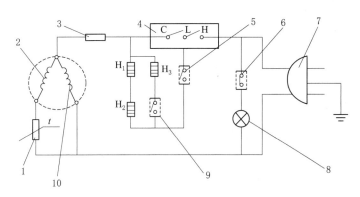

图 5-3　双门直冷式电冰箱的控制电路

1—PTC启动器；2—启动绕组；3—过载热保护器；4—定温复位型温度控制器；5—电热丝开关；

6—照明灯开关；7—电源插头；8—照明灯；9—温度补偿开关；10—运行绕组

霜；H_3 是温度补偿加热器，也装在冷藏室的蒸发器上，其目的是在冬季室外温度始终低于室内温度时打开温度补偿开关对冷藏室进行加热，它产生的热量对冷藏室的温度进行补偿，从而使得在冬季温控器的触点能够顺利闭合，而在夏季要断开此开关。

（3）化霜和温度补偿电路工作原理：化霜和温度补偿电路与温控器的 L—C 段并联连接，当压缩机工作时，该电路相当于短路而不起任何作用。当温度控制器断开时，温控器一方面切断了压缩机交流 220V 供电，另一方面解除了对化霜和温度补偿电路的短路作用，H_1、H_2、H_3 得电发热起温度补偿和化霜作用。而很小的电流对压缩机不起作用，所以压缩机不工作。

（二）间冷式电冰箱的控制电路

（1）双门间冷式电冰箱的控制电路增加了冷风循环电路（风扇控制）和全自动除霜电路（除霜加热器、除霜定时器以及温度控制、限温熔断器等）。主要由以下几个电路组成（图 5-4）：

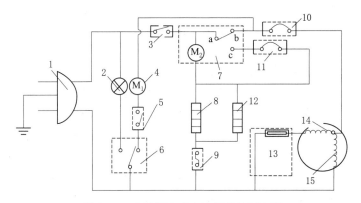

图 5-4　双门间冷式电冰箱的控制电路

1—电源插头；2—照明灯；3—温度控制器；4—风扇电机；5—冷冻室门开关；6—冷藏室门开关；

7—除霜定时器；8—除霜加热器；9—电熔丝；10—过载保护器；11—除霜温控器；

12—排水加热器；13—启动器；14—启动绕组；15—运行绕组

启动与保护电路：主要包括压缩机电机、PTC 启动器 13、过载保护器 10。

温度控制电路：由温控器 3 组成，对冷冻室进行控制。

全自动除霜控制电路：除霜定时器 7、除霜加热器 8 和电熔丝 9。

加热防冻电路：由排水加热器 12 构成。

通风照明电路：由风扇电机 4，照明灯 2 和两个门开关所组成的。

（2）制冷与化霜控制。电冰箱由除霜定时器来控制制冷或除霜。当冰箱内的温度高于设定温度时，温控器的触点开关闭合，除霜定时器的 a—b 触点接通，因此压缩机与保护电路电源接通，压缩机开始运转，电冰箱开始制冷；同时除霜定时器的定时电动机 M_2、除霜加热器 8、排水加热器 12 和电熔丝 9 也接入电源，定时电动机 M_2 与压缩机同步运行，同时记录压缩机运行的时间。但是由于定时电动机 M_2 的内阻（大约为 8000Ω）远远大于除霜加热器 8 和排水加热器 12 的并联电阻（大约为 310Ω），这样就使得系统在制冷时加在两个加热器上的电压很小（大约为 8V），基本上不加热。在制冷的同时风扇电机 4 转动，强制冷风在冰箱内循环。

当制冷时间达到除霜定时器 7 的预定时间时（一般为 8～12h），除霜定时器 7 中的定时电动机 M_2 开始转动，带动其内部的凸轮转动，使除霜定时器 7 的开关触点由 a—b 接通变为 a—c 接通，压缩机和风扇电机 4 停止运行，此时系统由制冷状态转为除霜状态。由于除霜温控器 11 阻值很小，定时电动机 M_2 为短路状态而停止计时，此时除霜加热器和排水加热器通电加热，开始对蒸发器翅片表面进行除霜。

随着除霜的进行，蒸发器表面的温度因加热而升高。待除霜完毕时蒸发器表面的温度正好可使除霜温控器的触点断开，从而切断电路而中止除霜，此时定时电动机 M_2 又重新接入电路而开始计时，大约在 2min 内带动其内部的凸轮转动，使除霜定时器的开关触点由 a—c 接通变为 a—b 接通，使系统由除霜状态转为制冷状态。当蒸发器表面的温度降到 −5℃ 左右时，除霜温控器的触点闭合，为下一个除霜做好准备，当定时电动机 M_2 计时到达后系统又由制冷状态转为除霜状态，这样就完成下一个除霜周期的自动控制，该控制电路就是这样一直环往复不停地运行。

电路中接入电熔丝 9 的作用是为了确保在除霜温拉器失灵的情况下防止因为加热器过热而使蒸发器盘管破裂；电路中加入排水加热器 12 是为了保证融化的霜水顺利地流出冰箱，防止其在排水管中产生冰堵而妨碍排水。

（3）照明风扇电路控制。当冰箱的箱门关闭后，在制冷过程中风扇电动机支路才能接通运转，使箱内冷气开始强制对流。除霜时风扇电动机支路断电停止运转。

打开冷藏室门时，一方面使风扇电机断电，另一方面接通照明灯电路；打开冷冻室门时只关闭风扇电机，而对照明灯电路没有任何影响。

该电路采用 PTC 启动继电器，故系统在制冷的过程中断电应在 5min 后才可重新启动，防止压缩机的电动机产生过电流而被烧毁。

二、电冰箱电气控制系统组成

电冰箱的电气系统主要由 PTC 启动器、蝶形过流、过温保护器、温控器、定时器化霜电路等部分组成。

1. PTC 启动器

（1）压缩保护电路的工作过程是：由于 PTC 启动器在常温下电阻值较小，只有 15～40Ω。当接通电源时，启动绕组和运转绕组同时接通，压缩机启动工作。同时由于启动电流极大而使 PTC 元件的温度迅速上升，电阻值急剧增大到原来的几千倍，电流急剧减小，几乎无电流从启动绕组中流过，可视为开路。而运转绕组继续运行。而 PTC 元件中有极小电流维持高阻状态。完成启动过程。

（2）PTC 启动器具有无运动部件、无噪声、无电弧、寿命长、价格低、对电压波动适应性强等特点，它的启动特性取决于其自身的温度变化。因此再次启动需要间隔 5min 以上。

2. 蝶形过流、过温保护器

（1）保护电路功能：如果压缩机有故障会造成运行电流过大，保护器打冷战断开，切断压缩机的电源。另外，保护器的蝶形片紧贴在压缩机的外壳上，如果压缩机外壳温度过高，也会使保护器打冷战断开，以保护压缩机。

（2）带有黄色的一面要紧靠在压缩机的外壳上，以检测压缩机外壳的温度。当温度过高时会切断压缩机电路。

3. 温控器

温控器主要由感温元件和开关触点两部分组成，感温元件有压力式和热敏电阻两种，因此温控器分为压力式和电子温控式两种。常用为压力式，用户通过温度调节旋钮实现电冰箱的温度调节。温控器的接点接在压缩机保护电路中，感温管中充有氟利昂气体，感温管装在箱壁上，将温度变化传递到温控器中产生相应的压力来控制节点的闭合与断开，从而实现压缩机的启停。

温控器安装在小盒中，它的感温管（温度传感器）紧贴后箱壁，由于后箱壁的后面板上安装有副蒸发器，因此它检测的就是副蒸发器的温度。

4. 定时器化霜电路

（1）定时化霜电路由化霜定时器（图 5-5）和加热器组成。化霜定时器有两种，一种是固定式定时器，每隔 8～24h 化霜一次；另一种是集中定时器，预先设定电冰箱累计运行时间，时间到达后开始化霜。

（2）化霜时，化霜定时器的 a、c 接点接通时，即接通加热器；a、b 接点断开时，即断开压缩机。

（3）加热器的电源接通后，加热器便为蒸发器和管道进行加热化霜。

（4）蒸发器表面温度达到一定值时化霜温控器的接点断开，化霜定时器继续工作。

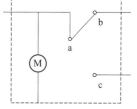

图 5-5　定时器

（5）化霜定时器再运转约两分钟之后，a、c 接点断开，a、b 接点连通，压缩机恢复工作。

三、电气线路及负载的检测

电冰箱的电气故障，最终总是通过负载（如压缩机电机、风扇电机、电加热器）表现出来的。而某种故障现象的产生，究竟是负载本身的原因，还是电气线路中其他控制器件的原因，必须通过检测才能确定。

（一）电气线路的检测

检查电冰箱的电气线路是否正常，常用的测量仪器是万用电表。可以通过测量交流电压或者测量直流电阻的方法来查找故障部位。

1. 测交流电压法

（1）通电前，检查其外壳是否会带电。最简便的方法是：用万用电表的直流电阻大倍率（×10k 或 ×1k）挡，测电冰箱的三芯电源插头上，接 220V 电源的两个插头与接外壳（即"地"）的插头之间的直流电阻。正常时，万用电表的指针应不动（即阻值为∞）。如 $R=0$ 或指针明显偏转，则说明通电后，其外壳会带电。如判断结果是外壳带电，则必须采用其他方法（如测直流电阻法）测量，找出通地部位且予以排除后，才能通电检查。

（2）测量电源电压。用万用电表 250V 交流电压挡测量电源电压，看其是否正常。家用电冰箱电源电压范围为（220±22）V。即只要电源电压在 198～242V 范围内，应能正常使用。如电源电压不正常，可用调压器或交流稳压器使电源调到 220V，然后再检测查电冰箱。

（3）测量负载上的电压。电源电压正常时，再测量负载上的电压。负载上应得到 220V 电压，它才能正常工作。在断电的状态下，想办法露出负载电路的连接点。插上电源插头，测负载两端有没有 220V 交流电压。如有，则表明电气线路连接及各种控制器件工作正常，应重点检查该负载及直接对该负载起控制作用的器件（如电容器、起动继电器等）。如果没有 220V 电压，则说明电气线路异常（不通），可先排除负载本身，而重点检查电气线路的连接是否完好、温控器是否正常、保护继电器是否断路等。

注意：在测交流电压时，各功能开关应处于闭合状态。由于在通电状态下测量，所以应注意操作时的安全。

2. 测直流电阻法

以图 5-6 所示的电冰箱电路图为例，来说明检测的方法。

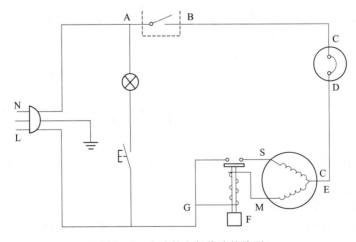

图 5-6　电冰箱电气线路的检测

（1）分析电路：由压缩机电机和照明灯两个负载所在支路并联而成。在照明灯所在支路断开（如将电冰箱门关闭）时，则只有压缩机电机回路可能有电。在室温下温控器电触点应处于闭合状态（因为肯定高于温控器的开点）；过电流、过温升保护继电器也应该是闭合的；重锤式启动继电器的电触点虽然断开（即压缩机电机的起动绕组回路不通），但与运行绕组串联的线圈应该是通的。

（2）测量方法：用万用电表的直流电阻挡。可选×1或×10挡测量。在电冰箱断电的状态下测量。测电源插头的N和L插头端。正常时，应能测到一定的直流电阻值。这一直流电阻，就是压缩机电机中运行绕组的直流电阻。

（3）测定故障点：如果电阻为∞，表明电气线路有故障。检查电气线路中的断路点，可将万用电表的一根测试表棒（如红表棒）与电源插头上的一个插头（如N）接触（可用手将红表棒与电源插头上的N端捏紧）。按电路的连接情况，用另一根表棒（如黑表棒）依次测电路中的A、B、C、D、E、F、G等各点，一直测到电源插头另一个插头。如前面一点通，而后面一点不通，则断路点便在这一部分，可能是控制器件，也可能是连接导线。通过这样的逐点检测，电路中的断路点是很容易发现的。

（4）多负载支路检测：对于有几条负载支路电冰箱，根据电路特点，利用各功能选择开关或控制器件，断开一条或数条支路，单独检测重点怀疑存在故障的那条支路。

3. 短接法

在电冰箱电气系统中，对电机、电加热器等负载进行控制的各种器件，往往都是通过其与负载串联的电触点来实施的。如启动继电器、温度控制器、过电流、过温升保护继电器等。

（1）短路故障元件：为了判断故障是否由某一控制器件造成，可用一根粗导线将其对应的电触点短接。如短接后，故障现象消失，则可确定该控制器有故障，可将其拆下后更换或修理。

（2）故障部位区分：对于采用电子线路或单片微电脑控制的电冰箱，出现故障后，由于整个电路的复杂性往往难以入手进行检查，这时，可用短接法初步将故障部位分开。

因为控制电路总是通过继电器或双向晶闸管对负载（电机或电加热器）进行控制的。而继电器的电触点或双向晶闸管的两个主电极一般总是与负载串联的。所以，找到继电器的电触点或双向晶闸管的两个主电极，然后用导线将其短接。如短接后，故障现象消除，则故障部位在以集成电路或单片微电脑为核心的电子控制电路中；如故障现象依旧，则不要先急于查电子控制电路，而应该先查控制板以外的部分，如电机、电加热器及保护继电器、熔断器等。

（二）电机的检测

家用电冰箱电动机，包括驱动压缩机工作的压缩机电机、间冷式电冰箱上强制冷空气循环的风扇电机等。

1. 压缩机电机接线端的判断

（1）压缩机3个接线端多为阻抗分相式电机或电容分相式电机。电机的3根引出线为公共端C、运行绕组引出线M、启动绕组引出线S（图5-7）。

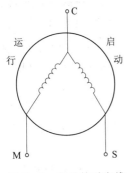

图 5-7　电机的引出线

（2）绕组电阻规律：其运行绕组的线径较粗，直流电阻较小；而启动绕组的线径较细，直流电阻较大。一般有：

$$R_{MS} > R_{CS} > R_{CM}，且 R_{MS} = R_{CS} + R_{CM}$$

（3）接线端子判断方法。用万用电表的电阻挡来判断 3 个接线端。卸下压缩机的接线盒后，在三个接线端上分别标上 1、2、3 的记号。然后用万用电表的 $R \times 1$ 挡分别测定 1 与 2、2 与 3、3 与 1 之间的电阻，即可判断。

2. 电机常见故障的检测

压缩机电机出现故障后，电冰箱便不能工作了。电机的常见故障有绕组断路、绕组短路及漏电等。

（1）绕组断路检测：用万用电表直流电阻挡（$R \times 1$ 挡）测三个接线端。如某两端之间的电阻为无穷大，则表明电机绕组已断路。对于采用内埋式保护继电器的压缩机，保护继电器电触点接触不良，也会得到这个检测结果。发现这类故障，一般只能更换压缩机。

（2）绕组断路检测：如测得某两端直流电阻为 0 或阻值极小（远小于正常值），则表明电机绕组出现短路。产生匝间短路的原因，主要是绕组受潮、漆包线质量不好、过负荷运转等。如严重短路，则通电后不但不运转，还会使电源保险丝熔断。如少量匝间短路，则通电后，由于电流较大，不一会便会使保护继电器动作，切断电机的电源。可用钳形表测一下运转电流值，帮助确定是否存在匝间短路。

（3）绕组漏电检测：全封闭式压缩机漏电原因有，漆包线受潮、磨损而使其绝缘破坏且与铁芯相碰等。绕组通地时，会使电冰箱通电后其金属外壳带电。用万用电表电阻挡（$\times 1k$）检查时，一根测试表棒与电机三个接线端中的任一个接触，另一根测试表棒与压缩机的金属外壳接触。正常时，电阻值应为 ∞。如电阻为 0 或有明显的直流电阻值，都说明已产生漏电故障。这种压缩机是不能通电的，只能更换。

（4）绕组绝缘性能检测：用万用电表测得电机绕组与外壳之间的电阻为 ∞，并不能表明压缩机的绝缘一定是好的。测绕组与外壳之间的绝缘电阻应该用兆欧表。测量方法是将兆欧表的两根接线，一根接在压缩机的 3 个接线端中的某一个上，另一根线接在压缩机的金属外壳上。然后以 120r/min 的转速匀速摇动兆欧表的手柄，绕组与外壳之间的绝缘电阻正常时应在 2MΩ 以上。如小于 1MΩ，则表明压缩机电机绕组与铁芯之间的绝缘物质的绝缘性能已下降。

3. 风扇电机的检测

除了压缩机电机以外，间冷式电冰箱上有强制冷空气循环的风扇电机。

（1）间冷式电冰箱风扇电机：间冷式电冰箱的风扇电机，采用轻载单相交流罩极式的较多。功率为 6.5～8W，转速为 2500r/min 左右。

（2）风扇电机检查的方法：打开冷冻室箱门，按住门开关。如风扇不转，卸下后栅板。观察风叶是否被蒸发器上的厚霜层卡死。若为此现象，则是化霜装置有问题。排除了化霜系统的故障，风扇电机恢复正常。

如化霜系统正常，则检查电机风扇绕组。断电后拔下电机插头。用万用电表的 $R \times 10$ 挡测电机绕组的直流电阻值，正常时，应为 300～500Ω。如阻值为 ∞，则可能绕组断路；

如阻值为 0 或阻值很小，则表明绕组短路。发现故障后，能修则修，不能修便更换电机。

（三）温控器的检测

温控器是电冰箱或空调器上一个重要的控制器件。如发现反复旋转温控器的调温旋钮，仍不能达到正常的温度自动控制。且开停机过于频繁或时间过长；长停不开机或长开不停机等现象，都应重点检查温控器。

1. 温控器故障原因

温控器产生故障一般有以下两种原因：

（1）内部机械零件变形。

（2）感温剂泄漏。

2. 判断温控器的控制功能检测

（1）确定温控器电触点状态：电冰箱温控器，在室温下，其电触点肯定是闭合的（因为电触点必定高于其开点）。

（2）温控器电触点检测：用万用表电阻挡测温控器电触点两个接线端的电阻。电触点闭合时，其电阻值应为 0；而断开时，其电阻值应为∞。

（3）温控器电触点状态转换检测：改变温度，用万用电表监测温控器电触点两接线端间的电阻值，看能否从闭合（$R=0$）转换为断开（$R\to\infty$）；或从断开（$R\to\infty$）转换为闭合（$R=0$）。

（4）改变温度方法：要升温，将感温管靠近点亮的白炽灯或用电吹风对准感温管吹；要降温先将调温旋钮逆时针旋到底，这是控制温度最高的位置，然后将它放入电冰箱冷冻室内，隔一会儿再取出。

（5）温控器更换原则：①同一型号直接更换；②用其他型号的温控器代换。代换时，除应考虑其外形及几何尺寸外，还得注意它的温度参数和电参数应与原温控器相同；③更换同一种类型，即普通型代换普通型；定温复位型代换定温复位型。替换错误会人为地造成电冰箱不能正常工作。

（四）启动继电器的检测

由于电冰箱一天中要启动继电器几十次，且启动时电流比正常运转电流大（约为正常运转电流的 5 倍），所以启动继电器也是较易发生故障的部位。

1. 电流线圈重锤式启动继电器的检测

（1）电磁线圈检测：重锤式启动继电器属于电流型启动继电器。因为它的线圈和压缩机电机的运行绕组串联，所以线圈所用漆包线的线径较粗，匝数也很少。用万用电表的 R×1 挡检测。其直流电阻也是接近于 0 的。如果线圈两个接线端之间的电阻为∞。则表明线圈断路。如果线圈外表面有焦黑的痕迹，则说明它已烧毁。

（2）电触点检测：重锤式启动继电器重锤朝下时，电触点断开；而如果倒置，电触点闭合。用万用电表电阻挡判断：重锤朝下电阻应为∞。然后将其倒置，电阻值应为 0。如果无论重锤在下，还是倒置，电触点的电阻值都不变（始终为∞或始终为 0），则表明电触点已损坏。

（3）更换原则：注意所选的启动继电器应与压缩机电机匹配，即它的吸合电流和释放电流这两个主要参数应与压缩机电机的启动过程相适应。

2. PTC 启动继电器的检测

PTC 器件损坏（一般为断路）后，其故障现象表现为压缩机无法正常启动。

（1）PTC 常温检测：在常温下，用万用电表的 $R \times 1$ 挡检测 PTC 两个引出端。正常电阻值为十几欧姆。如 $R=0$ 或 ∞，都表明 PTC 器件损坏。如果 PTC 器件的温度升高到居里点以上，则 PTC 器件的电阻值将增大到几百千欧姆以上。

（2）PTC 控制功能检测：将 PTC 启动继电器与一只 60W 左右的白炽灯串联后接通 220V 交流电源。刚通电时，灯泡最亮，几秒内灯逐渐转暗。如果灯泡的状态一直不变（一直亮或一直不暗），则说明 PTC 启动继电器已损坏。

（3）更换原则：应注意 PTC 器件的主要参数。一是常温下的直流电阻值应接近；二是其居里点；三是它的电功率应大于或等于原 PTC 器件。

（4）用 PTC 替换重锤式启动继电器：改变压缩机电机的连接线。电机的运行绕组直接接电源（将原接启动继电器线圈的两根线短接），而将 PTC 启动继电器接在原启动继电器常开触点的位置上。接好后，再通电试运转，如能顺利完成启动功能，则可替代原重锤式启动继电器。

（五）电冰箱自动化霜电路元件的检测

无霜电冰箱采用全自动化霜控制方式，所以看不到结霜。在自动化霜电路中，有化霜加热器、化霜定时器、化霜温控器及化霜超热保护熔断器等。

1. 化霜加热器和超热保护熔断器的检测

化霜加热器的电功率一般都较大，其直流电阻较小。用万用电表的电阻挡测量。正常时，一般应有几百欧的电阻值。如阻值相差较大，多为化霜加热器被烧断。如阻值为 ∞，则多为化霜超热保护熔断器已熔断，应予更换。

2. 化霜定时器的检测

化霜定时器有 4 个接头。其中 2 个接头是定时电机引出线，另 2 个是电触点。正常时，定时器直流电阻值在 7kΩ 左右。化霜定时器的电触点相当于一个单刀双掷开关。如 C—B 之间通（$R=0$），则 C—D 之间应断（$R \rightarrow \infty$），再将其手控钮顺时针旋转到出现一声"嗒"的声音时停止旋动，此即为化霜位置。在此时测量应该是 C—B 之间断（$R \rightarrow \infty$），而 C—D 之间通（$R=0$）。如果再将手控钮顺时针旋转很小一个角度，又会出现"嗒"的一声。这时，又恢复到 C—B 通，C—D 断的状态。

化霜定时器减速齿轮传动性能检测。办法是将化霜定时器接线接上，让电冰箱通电工作，并在手控钮上作上一记号。待电冰箱工作 1～2h 后，所作的记号应顺时针转动一定角度。否则，说明化霜定时器的传动机构有问题。

3. 化霜温控器的检测

拔下化霜温控器，用万用表电阻挡测其两根引出线。常温下（高于 13℃），电触点是闭合的，检测到的电阻值应为 0。放在电冰箱冷冻室内（使其温度降至 −5℃ 以下），两根引出线，电阻值应为 ∞。

（六）保护继电器的检测

电冰箱过电流、过温升保护继电器。它串联在压缩机电机的主回路中，保护的对象是全封闭式压缩机。

　　过电流、过温升保护继电器的断路故障，主要是电热丝烧断或电触点烧毁引起接触不良。也有的是质量较差，如双金属片稳定性不好，内应力发生了变化，致使触点断开后不能复原。上述故障往往是压缩机的频繁启动造成的。此外制冷效果不好、超负载运转、制冷系统内制冷剂过少或过多等原因，都会引起压缩机频繁启动。

　　检查保护继电器可用替代法、短路法及万用电表检测法。替代法就是用一只好的保护继电器代替原来怀疑存在故障的保护继电器。如替代后故障现象消失，说明原来的保护继电器确已损坏。如代替后故障现象依旧，则说明故障与保护继电器无关。

　　短接法就是用一根粗导线将保护继电器的两个接线端短接，如短接后故障现象消失，表明原故障是由保护继电器引起的。如故障现象没有变化，说明故障与保护继电器无关。

　　用万用电表电阻挡测量保护继电器的两个接线端。正常时其电阻值接近于 0，此时测量到的是其内部的电热丝及常闭触点的电阻。然后，可将它放到倒置过来的电熨斗上，对其加热。隔一段时间，会听到"嗒"一声响（双金属片翻转）。此时，再用万用电表测保护继电器的两个接线端，电阻值应为∞。降温后，电触点又会重新闭合。

　　如果常温下测保护继电器的两个接线端之间电阻为∞，则表明它已断路。原因可能是电热丝烧断，也可能是电触点接触不好。

　　确定为蝶形双金属过电流、过温升保护继电器有故障，除电触点接触不良，可作适当修理外，其他均只能更换。

　　内埋式保护继电器经常出现的故障是绝缘破坏、触点失灵等。一般不能修复，也不易拆换，只有同压缩机一同更换。

任务六　制冷系统铜管的焊接

学习目标：

1. 了解铜管焊接的基础知识。
2. 掌握制冷系统铜管焊接的方法。

制冷空调中的制冷系统，一般用铜铝等有色金属材料制成，在制造、安装和维修过程中，管道的焊接是关键的一环，它不但影响美观，更重要的是影响到系统能否正常工作等问题，必须引起高度重视。制冷空调的管件多是用铜（紫）管材，常用的焊料类型有铜磷焊料、银铜焊料、铜锌焊料等。在焊接时要根据管道材料的特点，正确选择焊料及熟练操作，以确保焊接的质量。

一、铜管的焊接

（一）对同类材料的焊接

（1）铜与铜的钎焊。可选用磷铜焊料或含银量低的磷铜焊料，如 2% 或 5% 的银基焊料。这种焊料价格较为便宜，且有良好的熔液，采用填缝和润湿工艺，不需要焊剂。

（2）钢与钢的焊接。可选用黄铜条焊料加适当的焊剂，焊接时，将焊料加热到一定温度后插放在焊剂中，使焊剂熔化后附着在焊料上，但焊后必须将焊口附近的残留焊剂刷洗干净，以防产生腐蚀。

（二）对不同材料的焊接

（1）铜与钢或铜与铝的焊接。可选用银铜焊料和适当的焊剂，焊后必须将焊口附近的残留焊剂用热水或水蒸气刷洗干净，防止产生腐蚀。在使用焊剂时最好用酒精稀释成糊状，涂于焊口表面，焊接时酒精迅速蒸发而形成平滑薄膜不易流失，同时还可避免水分浸入制冷系统的危险。

（2）铜与铁的焊接。可选用磷铜焊料或黄铜条焊料，但还需使用相应的焊剂，如硼砂、硼酸或硼酸的混合焊剂。

（3）焊接不同的材料，不同的管径时所需的焊枪大小和火焰温度的高低有所不同，焊接时火焰的大小可通过两个针形阀进行控制调整，火焰的调整是根据氧、乙炔气体体积比例不同，可分为炭化焰、中性焰和氧化焰 3 种。

二、空调的基础知识

（1）首先介绍一下空调的基础知识：空调分为室内机（蒸发器）、室外机（冷凝器）；冷媒通过压缩机在室内外机进行循环，完成制冷、制热的转换。空调制冷、制热的原理如图 6-1 所示。

通过四通阀的转换，控制冷媒的流向，来完成制冷和制热转换。

（2）冷却系统的原理。空调内的各部分分别通过铜管相连接后，被完全密封起来，形成管路。该管路内封入了冷媒，焊接工作就是将管路焊好，不能泄漏，以使冷媒在

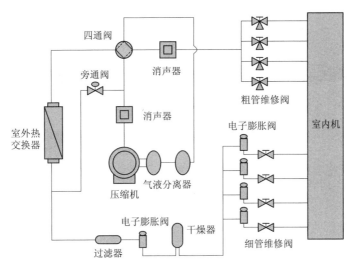

图 6-1 空调制冷、制热的原理

管路中流动，不能泄漏，这样可以提高空调的品质，降低空调的制造成本，减少对环境的影响。

制冷：压缩机→四通阀→室外机→室内机，这样空调系统就完成了制冷。

制热：压缩机→四通阀→室内机→室外机，这样空调系统就完成了制热。

（3）各部件的作用。

1）压缩机。使冷媒在压缩机内处于高温高压的状态，以便使冷媒液化，使冷媒在管路当中进行循环，压缩机内要有压缩机油，压缩机油的作用是给压缩机往复运动提高润滑，减少摩擦，并能起到冷却作用。

2）过滤器。过滤杂质、干燥水分。

3）热交换器。冷却冷媒。

4）四通阀。制冷制热的转换。

5）管路系统。冷媒流通的管路。

6）阀板。与室内机连接的开关。

7）电子膨胀阀。控制冷媒的流量大小。

三、铜管焊接的技术工艺

影响钎料选用的 3 个因素：钎料的物理特性、钎料的熔化性、钎料的形状。根据铜的熔点及钎料的基本性质分析得出，钎料的熔点需选用在 600～850℃之间。

焊接火焰构造分为焰心、内焰、外焰 3 个部分，其中在焰心前 3mm 处温度最高，可达 3000℃左右；钎焊火焰分为氧化焰、中性焰、还原焰 3 种，其中氧化焰和还原焰对焊接质量有影响，一般空调焊接所用的火焰为中性焰，如图 6-2 所示。

气体火焰钎焊分为 3 种：①当氧气与乙炔的作用比为 1～1.2 时，所产生的火焰称为中性焰，又称为正常焰。靠近焊嘴处为焰心，呈白亮色；其次为内焰，呈蓝紫色，此处温度最高，约 3150℃；最外层为外焰，呈橘红色。②当氧气和乙炔的体积比小于 1

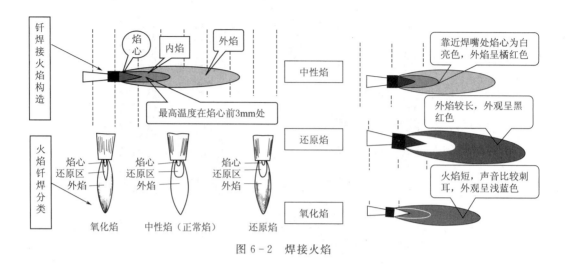

图 6-2　焊接火焰

时，则得到还原焰。由于氧气较少，燃烧不完全。整个火焰比中性焰长。外观呈黑红色。③当氧气和乙炔的体积比大于 1.2 时，则形成氧化焰。由于氧气较多，燃烧剧烈，火焰长度明显缩短，焰心呈锥形，内焰几乎消失，并有较强的嗞嗞声；外观呈浅蓝色。

将母材的颜色预热至暗红色，便可以加焊条，此时铜管温度刚好可以熔化焊条；不允许过热，过热会使焊料沿着管子流下去，而不聚集于焊接处，影响焊接质量。如图 6-3所示。

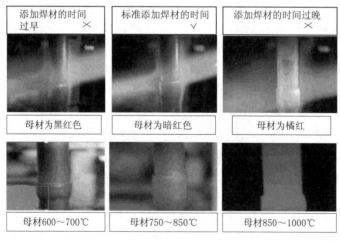

图 6-3　预热

钎料的添加位置在管口上方 2mm 左右，且钎料的添加位置必须保证在火焰加热的正后方，使烧热的铜管熔化焊条；使焊料均匀的流淌、铺展在缝隙表面上；加料焊接完成后，将火焰采用 Z 形的路线向下摆动均匀加热，直至使加入的焊料充分渗透到焊缝内；加热管口下部作用是使焊料充分融化渗透，如图 6-4 所示。

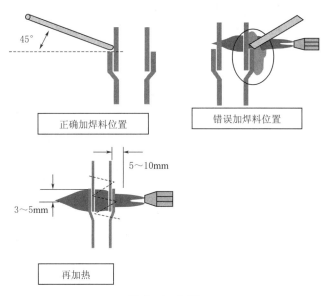

正确加焊料位置

错误加焊料位置

5~10mm

3~5mm

再加热

图 6 - 4 加料

在采用 Z 形向下加热完成后，然后再采用 Z 形向上加热（主要加热上管口），热上管口的同时，焊料也同时添加，直至焊料均匀饱满，饱满之后火焰必须缓慢拉远至焰心尖部 30～50mm，然后停留 2～3s 对焊点进行保温，最后将焊条移开，完成整个焊接步骤。注意焊接过程中需要用浸过水的湿布包裹传感器、四通阀、膨胀阀、止逆阀、针阀等元器件。要求湿布的水分不能流入到元器件、管路等系统内部，铜管在钎焊温度下表面氧化剧烈，为有效减少铜管内部氧化皮的产生，要求对铜管进行充氮保护。在铜管装配后，对铜管接头内部充氮。氮气压在 0.2MPa 左右（相对压力），手摸有气流的感觉，氮气流不要太大，不然焊接时会有气孔等影响焊接质量；焊接前需要提前10s 充氮；焊后要滞后 10s 充氮；焊接前需清理管口杂质、油污等，可用酒精辅助清理。

焊接传感器等支管路时，必须在线下预装焊接，然后再焊接到机组系统上，以免会有焊屑等物流入机组系统内；离冷凝器等处较近的焊点需要挡板防护；焊接完成后，让焊件自然冷却，不要使用湿布等低温物质对焊件进行快速降温；在整机上焊接时，为什么钎焊铜管时要充氮气保护管内壁？由于火焰钎焊在加热过程中受热而面积较广，加热常见金属在受热的情况下会产生氧化，因此焊接过程中焊点受热将会导致铜管内部加热，造成内部范围氧化，所以必须要对管内壁进行充氮防护。电子膨胀阀管组是空调系统的关键部件，关系到整个机组的运行状态。而电子膨胀阀是一种十分精密的零部件，其内部的步进电机等部件在高温的情况下极易受到损坏，所以电子膨胀阀的焊接需要做好足够的防护。需要注意以下几点。

（1）经电子膨胀阀整个浸入水中，注意水分不能进入管路内。

（2）同时焊接时从两端同时充氮防护，为了防止充入的氮气被加热成高温气体从阀芯经过损坏电子膨胀阀。

（3）整个电子膨胀阀部件与换热器等处焊接时，同样需要对电子膨胀阀进行包湿布防护；若阀体距焊点较近，可在包湿布的基础上，对阀体进行淋水处理来检验焊接是否有以下不合格项，若有不合格，需返工。

1）过烧：外观判断为焊接区域出现烧伤痕迹，并出现粗糙麻点，管件氧化皮严重脱落，紫铜管颜色呈水白色。

2）气孔：焊接区域表面出现小小的针眼、气泡。

3）虚焊夹渣：表面焊料明显不融合，焊接时火焰接触工件明显偏红色，冒火星或冒油烟，焊料无法融合。

4）烧损：焊缝边缘被火焰烧成腐烂状，但又未完全烧穿，管壁本身被烧损检验焊接是否有以下不合格项，需返工。

5）烧穿：焊件靠近焊缝处被烧损穿洞，焊材表面严重氧化。

6）焊瘤：焊缝处的钎料超出焊缝平面形成泪状，焊瘤直径不允许超过焊接体直径的三分之一。

7）焊料不足：中间位置焊料不足，两孔之间的夹槽处焊料不够饱满。

8）充氮：无充氮或充氮不正确，中间氧化严重；正确充氮后，内壁光滑无氧化。

（4）四通阀装配时要注意以下几点：

1）四通阀必须水平安装，因为四通阀滑块滑动有摩擦力，若是安装倾斜可能会导致滑块位置异常，从而影响机组运行。

2）当焊接时四通阀不知道充氮位置时，可从任意管口充干燥氮气，有氮气流出管口和充氮管口为相通；剩下两个管口相通。

3）滑块材质为聚酯类，最高承温约120℃；所以焊接四通阀时，或焊接四通阀附件管路必须包湿布换热器装配时注意以下几点：

1）装配翅片换热器时前，清理底盘上的异物，以免换热器被异物损伤；搬运、装配过程中员工需带防护手套轻取轻放。

2）检查蒸发器部件外观无明显倒片、毛刺、管凹等缺陷，确保换热正常。

3）在一个热交换器上，在任意一处100mm×100mm的可见区域不允许有损伤面积超过50%，2处不超过40%，3处不超过30%，4处不超过20%，5处不超过10%，可见区域不允许有倒塌面积超过5处。

4）损伤在可接受范围的翅片，用翅片梳进行调节梳理。

5）清理换热器上的杂物以防影响换热。

四、焊接过程图示

焊接过程如图6-5～图6-13所示。

五、焊接实训

任务：铜管与铜管焊接

（1）安装好焊接设备。

（2）在确保设备完好的情况下，打开丁烷气瓶阀和氧气瓶阀。注意检查各阀门、连接管、管接头处有无泄漏。点火操作。右手拿焊枪，先逆时针缓缓打开燃气气阀，然后点火，利用拇指和食指逆时针打开氧气气阀。在操作中应注意焊嘴的气流不要对准同组的同学和设备，打开燃气气阀和氧气阀要注意力度，不能猛开，避免燃气火焰喷射或氧气过大冲熄燃气。

（3）调节焊接火焰。调节氧气和丁烷气的混合比例，使火焰呈中性焰。焰心呈光亮的蓝色，火焰集中，轮廓清晰。

（4）将火焰对准铜管连接处，焰心与焊接部位垂直且保持 1mm 左右距离，当铜管呈暗红色时，将焊条放在被焊接部位使之熔化，等待焊液饱满的流满整个焊接部位，将焊枪移开。让铜管自然冷却。

（5）焊接完毕后，先关闭焊枪上的氧气阀（利用右手拇指和食指顺时针旋转氧气阀），再关闭燃气阀。最后关闭氧气瓶和丁烷气瓶的阀门。

（6）重复以上操作步骤，熟练地掌握点火、焊接、关火的技能。

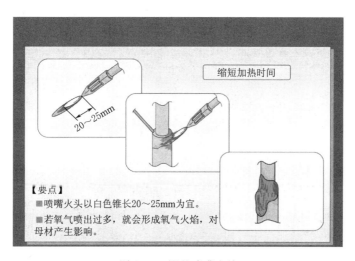

图 6-5　调整喷嘴火焰

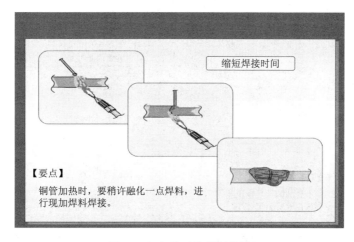

图 6-6　加热时的焊料位置

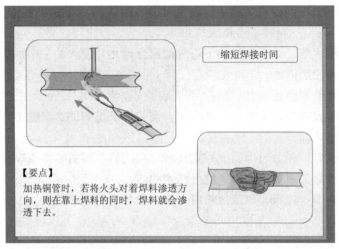

图 6-7　铜管加热方向

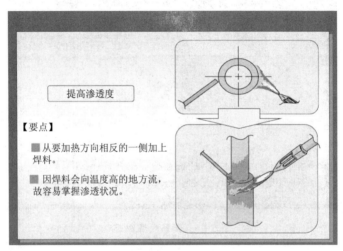

图 6-8　加上焊料的位置

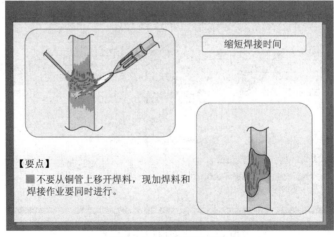

图 6-9　现加焊料方法

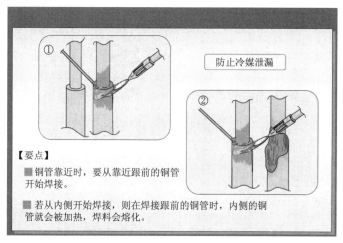

【要点】

■ 铜管靠近时，要从靠近跟前的铜管开始焊接。

■ 若从内侧开始焊接，则在焊接跟前的铜管时，内侧的铜管就会被加热，焊料会熔化。

图 6-10 铜管靠近时的焊接程序

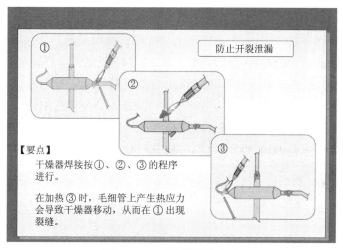

【要点】

干燥器焊接按①、②、③的程序进行。

在加热③时，毛细管上产生热应力会导致干燥器移动，从而在①出现裂缝。

图 6-11 干燥器焊接程序

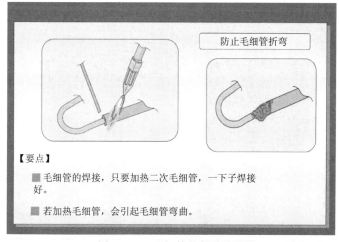

【要点】

■ 毛细管的焊接，只要加热二次毛细管，一下子焊接好。

■ 若加热毛细管，会引起毛细管弯曲。

图 6-12 毛细管的加热方法

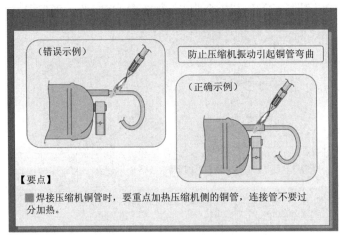

图 6-13 压缩机铜管的加热方法

任务七　分体式空调及电冰箱日常维护与保养

学习目标：

1. 掌握分体式空调日常维护和保养的方法。

2. 掌握电冰箱日常维护和保养的方法。

一、分体式空调日常维护与保养

（一）正确的开机和停机方法

（1）根据空调要求和使用要求，选择空调的运行方式，如制冷、制热等。这只要按空调器上的运行方式选择键选择。

（2）设定温度，调节温度调节器的温度值。为了检验压缩机是否能运转，制冷时设定值应低于当时室内温度，制热时应高于当时室内温度。这样空调器开机后，就能判断压缩机是否正常运行。

（3）开机运行后，根据需要可以通过调节风量开关来调节空调器的制冷（热）量。一般空调器的制冷（热）量的调节均通过改变风量来达到调节目的的（变频式空调器是调节压缩机转速）。

（4）空调开机运行后，可能会出现以下两种情况：①空调器压缩机开停频繁，而室内温度降不下来；②室内温度已太低，而空调器压缩机不停止运转。这可能是温度调节器的温度设定值不正确（太高或太低）。应适当调节温度设定值，使室内温度达到要求值，从而避免空调压缩机的频繁开停或室温偏差大。

（5）空调无论由于何种原因（如突然断电、人为停机等）而停机，由于一般空调器均设有停机的时间延迟器（延迟时间约 3min），这时空调停机后虽可马上开机，但需过 3min 后才能运转。但对无时间延迟器的空调，停机后不能立即开机，务必约 3min 后才能重新开启空调，否则可能造成启动电流过大，烧毁熔丝，甚至烧毁压缩机电机的后果。

（6）空调不应频繁开关。不要因为房间温度已达要求值或高于要求值而经常地启动和关闭空调，而应当让空调通过温度控制器来控制启动和关闭。空调不使用时应关断电源，拔掉电源插头。

（二）空调的使用要点

（1）首先应具备合适的用电容量和可靠的专线连接，并有可靠的接地线。

（2）注意细心调节室温：制冷时室温定高 1℃，制热时室温定低 2℃，均可省电 10％以上，而人体几乎觉察不到温度的差别。

（3）定期清扫过滤网：灰尘会堵塞滤清器网眼，降低冷暖气效果，应半个月左右清扫一次。

（4）尽量少开门窗，使用厚质、透光的小窗帘可以减少房内外热量交换，利于省电。

（5）勿挡住室外机的出风口，否则也会降低冷暖气效果，浪费电能。

（6）选择适宜出风角度，冷空气比空气重，易下沉，所以制冷时出风口向上。

（7）控制好开机和使用中的状态设定，开机时，设置高风，以最快达到控制目的；当温度适宜，改中、低风，减少能耗，降低噪音。

（8）连接管不宜过长，室外机置于易散热处，室内、外连接管尽可能不超过推荐长度，可增强制冷效果。

（三）空调的日常维护与保养

（1）经常检查空调电器插头和插座的接触是否良好，若发现空调在运行时，电源引出线或插头有发烫，这可能是电器接线太细或插头、插座接触不良，应采取措施解决。

（2）经常观察空调制冷剂管路（主要指分体空调器）的接口部位是否有制冷剂泄漏。若发现有油渍，则说明有制冷剂漏出，应及时予以处理，以免长时间泄漏而造成制冷剂量不足，影响空调的制冷（热）效果，甚至造成压缩机损坏。

（3）经常清扫空调器面板和机壳的灰尘。一般使用干布擦拭。先擦拭，然后再用清水湿擦布擦除掉洗涤剂。切勿用 40℃ 以上热水、汽油、挥发性油及腐蚀性溶剂擦拭空调面板和机壳。不应用硬毛刷刷洗空调器，以免损坏外壳，造成脱漆、褪色等。

（4）定期清洗空调的冷凝器和蒸发器盘管。可使用毛刷和吸尘器清洗盘管上的灰尘。注意在清洗时毛刷和吸尘器应沿盘管的垂直方向清扫，切勿沿水平方向清扫，以免碰坏盘管的肋片。

（5）定期清洗空调的空气过滤网。一般 2～3 周清扫一次。清扫时将过滤网抽出，用干的软毛刷刷去过滤网上的灰尘。也可用清水清洗去过滤网上的灰尘。晾干后再装入空调使用。对灰尘较多的环境，过滤网的清洗应更经常，以免过滤网沾灰尘太多，影响空调的通风量。

（6）空调器要长期停机时（如空调器的季节性停机）应对空调器作全面清洗。清洗好后只开空调的风机，运转 2～3h，使空调内部干燥，然后用防尘套将空调器套好。

（四）空调保养的要点

（1）使用时勿受压空调外壳是塑料件，受压程度有限，若受压，面板变形，影响冷暖气通过，严重时更会损坏内部重要元件。

（2）换季不用时，干燥机体，以保持机内干燥，清扫过滤网，以免灰尘堆积影响下次使用，拔掉电源插头，取出遥控器电池，以防意外损坏。室外机罩上保护罩，以免风吹、日晒、雨淋。

（3）重新使用时，检查过滤网是否清洁，并确认已经装上；检查蒸发器、冷凝器是否过脏，有必要清洗否；取下室外机的保护罩，移开遮挡物体；试机检查运行是否正常；确认遥控器电池电力状况。

（五）空调的清洗

空调在使用一段时间后，过滤网、蒸发器和送风系统上会积聚大量灰尘、污垢，产生大量的细菌、病毒。这些有害物质随着空气在室内循环，污染空气，传播疾病，严重危害人体健康。而污垢会降低空调的制冷效率，增加能耗，缩短空调使用寿命。因此，空调在使用一段时间后或换季停机时，必须清洗。这样才能保证有一个健康、清新的空气环境。

（1）分体式挂机空调清洗方法：断开空调电源，打开盖板，卸下过滤网并洗去灰尘。

将专用泡沫清洗剂摇匀后均匀地喷在空调蒸发器的进风面，如果污垢过多，可用湿布抹去，或用少量清水冲洗。装上过滤网，合上面板静置 10min 后，开启空调并把风量及制冷量调至最大，保持开启空调 3min，即可。

（2）分体式柜式空调清洗方法：先将柜机的面板拆下，找到空调的蒸发器，将专用泡沫清洗剂摇匀后均匀地喷在空调蒸发器上，然后盖上面板，静置 10min 左右，开启空调并把风量及制冷量调至最大，保持开启空调 30min，即可。为避免出风口吹出一些泡沫及脏物，可用一块湿布盖住出风口。清洗后，空调蒸发器的灰尘、污垢、病菌都不见了，空气变的清新、洁爽，空调更省电了，人的健康也得到了保护。

（六）简单的故障检查方法

（1）空调不运转检查：电源开关是否在"关"的位置？电源插头是否未插？

（2）运转噪音大检查：安装是否有倾斜？是否牢固？墙体共振是否过大？格栅有否关闭？

（3）房间不冷（不暖）检查：设定方式是否正确？匹配是否合理？过滤网上是否有灰尘堵塞？室内机或室外机的进风口及送风口是否被遮挡？设定温度是否过高（低）？是否在用电高峰期，电压太低或波动太大？制热不良，室外温度是否低于 −7℃；制冷不良，室外机是否被太阳暴晒或室外温度超过 45℃？制热模式下室外温度低于 0℃ 时，随着室外温度的降低，制热量有所降低。

（七）空调主要机型的型号标识及其含义

（1）KFR−25GW，简称 25 机。

（2）KFR−35GW，简称 35 机。

（3）KFR−50LW，简称 50 机。

（4）KFR−60LW，简称 60 机。

（5）KFR−70LW，简称 70 机。

其中：K 表示房间空调器；F 表示分体式；R 表示热泵型；G 表示挂式室内机；L 表示立式室内机；W 表示室外机；25、35、50、60、70 表示制冷量分别为 2500W、3500W、5000W、6000W、7000W。其他数值的制冷量以此类推。空调型号字母中有"R"的为冷暖空调；没有"R"的是单冷空调。在上述型号字母之后标有"BP"的为变频空调；没有"BP"的为定速空调；标有"ZBP"的为直流变频空调。其他的字母数字是空调的系列号。

二、冰箱的维修方法与日常维护保养

质量再好的冰箱使用时间长了之后都难免会出现一些故障，这时就是需要动手维修的时候了，那么这时应该使用什么维修方法呢？以下是整理的冰箱的维修方法，希望能帮到广大读者。

（一）冰箱的维修

1. 冰箱漏电维修

冰箱使用的时间长了之后有时就会出现漏电的现象，导致冰箱漏电的原因有很多，下面主要来看一下冰箱漏电时应该如何进行维修。

（1）冰箱压缩机漏电。冰箱压缩机漏电的原因主要是因为冰箱使用的时间太长，使得冰箱的电机绕组的绝缘层老化脱落，最终造成的漏电，这时只需要重新为冰箱的电机绕组加上一层绝缘层就行了。

（2）温控器漏电。当你在触摸到冰箱的箱体时有触麻的感觉，同时冰箱的压缩机和冰箱的内部温度又是正常的，那么就说明是冰箱的温控器漏电了，这个时候可以请专门的人员上门进行冰箱温控器的维修。

（3）冰箱触感漏电。冰箱触感漏电主要是冰箱在启动之后如果冰箱内部它的温度控制部件运行都正常，但是在使用手触摸箱体的时候会有触麻的感觉，这就说明冰箱存在着感应漏电的问题，这一现象出现的原因一般都是因为冰箱的压缩机在进行线路控制的时候和冰箱内部的照明线路都是从冰箱的箱体和外壳内壁之间穿过，如果它的导线出现老化，冰箱没有接地线，就会出现漏电的现象，解决方法就是将冰箱的金属外壳接地，但是不能将冰箱的接地线连接在煤气管或者是自来水管上。

2. 冰箱不制冷维修

冰箱不制冷其实也是日常生活中比较常见的冰箱故障，在进行冰箱维修的时候我们可以从这几个方面入手：

（1）冰箱检修方法一：冰箱在出现不制冷的现象时，可以首先检查一下冰箱的管路表面是否有油污，同时再检查冰箱的冷凝器、过滤器、毛细血管等部位和管路的结合处，如果发现有油污，那么就说明是冰箱的制冷剂泄漏了。冰箱制冷剂泄漏的话首先需要将泄漏部分进行修补和焊接，之后再为冰箱添加制冷剂。

（2）冰箱检修方法二：检查冰箱压缩机的温度，如果冰箱压缩机的温度不高，就说明压缩机的管路通畅，这时冰箱不制冷的原因应该是冰箱的高压缓冲管破裂或者是冰箱的排气阀和吸气阀出现短路的现象。

（3）冰箱检修方法三：其实冰箱的冷藏室和冷冻室结冰也会影响到冰箱的制冷，因此在进行冰箱检修的时候，如果冰箱冷藏室和冷冻室已经结出了厚厚的冰层，这时就需要及时进行冰层的清理，保证冰箱良好的制冷效果。

（二）冰箱的保养方法

（1）在使用冰箱的时候需要定期清理冰箱的压缩机和冷凝器，冰箱的压缩机和冷凝器是冰箱的重要制冷部件，如果上面积累和灰尘之后就会影响到冰箱的散热，同时缩短冰箱的使用寿命，使冰箱的制冷效果减弱。

（2）定期清洁冰箱内部空间。大家都知道冰箱的使用时间过长，冰箱内部就会散发出异味，同时还会滋生出细菌，因此冰箱的内部空间也需要进行定时清洁。

（3）一般情况下，冰箱在使用的时候在冰箱的冷藏室和冷冻室都会结出一定的冰霜，这些冰霜都是需要定时进行清理的，这样才能更好地保证冰箱的制冷效果。

（4）在使用冰箱的时候为了能够更好地保证冰箱能够进行良好的制冷，因此大家在进行冰箱使用时应该尽量少的开关冰箱门，防止冰箱冷气的流失。

（三）冰箱的制冷方式及控温模式

1. 制冷方式

（1）风冷式。风冷式冰箱，又叫无霜冰箱，其结构复杂，耗电大，价位高。冷藏室降温速度快，冷藏质量好，并且可以自动除霜装置，使用更方便。此类冰箱适合空气湿度较大的沿海、长江沿岸及以南地区使用。

（2）直冷式。直冷式冰箱，又叫有霜冰箱，其结构简单，价位较低。冷冻室降温效果好，冷藏室降温慢，易结霜，化霜较麻烦。此类冰箱适合冬季较干燥的北方和内陆地区。

（3）混合式。混合式冰箱，此类冰箱综合了前两种冰箱的优点，冷藏室为直冷，可快速冷冻锁水，避免食物水分流失。而冷冻室则采用风冷，能够将蔬菜等储藏物保鲜冷冻，不用为结霜而苦恼。

2. 控温模式

（1）机械控温。机械控温方式是传统的冰箱控温方式，其结构简单，性价比高。挡位数字越大，温度越低，0挡是停机挡，最高挡是强制制冷挡。

（2）电脑控温。电脑控温也叫电子控温，是通过电子感温原件的传导和控制，经由冰箱外部控制面板来操作的控温方式，消费者使用体验和美观度更理想。由于电脑控温方式线路复杂，不利于维护，所以其价格相对较高。

参 考 文 献

[1]　吴敏、赵钰. 制冷设备原理与维修 [M]. 北京：机械工业出版社，2014.
[2]　李援瑛. 跟我学修空调器 [M]. 北京：中国电力出版社，2000.
[3]　李援瑛. 跟我学修电冰箱 [M]. 北京：中国电力出版社，2000.
[4]　李援瑛. 电冰箱维修技术入门 [M]. 北京：机械工业出版社，2005.
[5]　腾林庆. 制冷设备维修工（初级）[M]. 北京：中国劳动社会保障出版社，2007.
[6]　郑兆志. 家用空调器原理及其安装维修技术 [M]. 北京：机械工业出版社，2002.